NHK「ダーウィンが来た！」制作班

宝島社

「劇場版 ダーウィンが来た！ アフリカ新伝説」の舞台――

アフリカへようこそ！

アフリカには、なななんと哺乳類だけでも1000種類以上の動物たちが住んでいるといわれています。
そして、きびしい自然の中を生きぬくために、彼らは「家族」で協力して暮らすことが多いんです。
そんな彼らの優しさあふれる「家族の物語」を、映画とこの本でたっぷりと紹介しますぞ～！

「劇場版 ダーウィンが来た！ アフリカ新伝説」

なぜ？ なに？ 動物図鑑 もくじ

第2章 なぜ？なに？アフリカの動物大図鑑

肉食哺乳類

草食哺乳類

雑食哺乳類

鳥類

両生類・は虫類

魚類

この本の見方

動物紹介ページ

ライオンとニシローランドゴリラの特ちょうを紹介しているページです。

(14〜15、32〜33、50〜51ページ)

体の特ちょう
動物の体の部分を指して、その部分がどんな役割を果たしているのかを説明しています。

くわしい紹介
紹介している動物の暮らしや生たいについて説明しています。

アニマルデータ
動物の体長・体重や人との大きさの比較、住んでいる場所などをデータにしています。

一生を早見ページ

ライオンとニシローランドゴリラが生まれてから死ぬまでの一生を紹介するページです。

(16〜17、34〜35、52〜53ページ)

時系列
左から始まって、右に行くほどに動物たちは年をとっていきます。

写真
動物たちの一生の中で起きるできごとを、写真で紹介しています。

一般的な寿命
その動物たちの一般的な寿命を紹介しています。

なぜ？ なに？ Q&Aページ

みなさんが思う動物たちの不思議に対して、図鑑形式で解決していくページです。

(18〜27、36〜45、54〜63、66〜155ページ)

なぜなにQ＆A
動物の体や暮らしに対するみんなの疑問を、Q＆A方式で紹介しています。

ヒント
すぐに右ページを見るのではなく、写真とヒントを見てなぜなのか考えてみましょう。

ヒゲじいの答え
左ページで出てきた疑問を、ヒゲじいが解決してくれます。

アニマルデータ
ライオン、ニシローランドゴリラ以外の動物は、Q＆Aページにアニマルデータがのっています。

※アニマルデータ部分は放送内容には由来していない場合もあります。
※生息地マップは、主にアフリカ内での分布を示しています。
※掲載内容は、番組放送時を基準にしています。

第1章

『劇場版 ダーウィンが来た！ アフリカ新伝説』の世界

ここでは、映画に出てきた３つの物語を中心に、
オスライオン、メスライオン、ニシローランドゴリラに
ついてくわしく紹介していきます。

劇場版
ダーウィンが来た！アフリカ新伝説
ってどんな映画？

大人気テレビ番組『**ダーウィンが来た！**』が初めて映画化されましたぞ！

アフリカの動物たちに密着して、その姿をいきいきと描いています！

王に、なる――
生命の数だけ、ドラマがある。
家族と、生きる――
私が、守る――
劇場版
ダーウィンが来た！
アフリカ新伝説
ついに映画化ですぞ！
2019年1月18日(金)全国ロードショー
美しいアフリカの大自然、動物の『家族』の物語、個性豊かな珍獣たちを、ぜひ劇場で！

この映画は、**3頭の動物の物語**を中心に進んでいくんですが、どんな物語かというと、下を見ればわかりますぞ。

物語①
「ぼくは王になる！」
子ライオン・ウィリアムの物語

大きな群れの末っ子として生まれたオスライオン・ウィリアム。彼が群れを出て放浪の旅を続け、やがて自分の家族を得て群れの王になるまでのお話です。

➡ 11 ページへ

物語②
「お母さん奮闘記」
母ライオン・ナイラの物語

縄張りをうばわれ、たった1頭で6頭の子どもたちを育てるお母さんライオン・ナイラ。彼女の子育ての苦労と、子どもたちの成長する姿を見守るお話です。

➡ 29 ページへ

物語③
「家族の優しさに守られて」
片腕の子ゴリラ・ドドの物語

片腕を失った子どもゴリラ・ドド。野生で生きていくのはとうてい難しいだろうと言われた彼が、家族の優しさのおかげで生き残り、成長していくお話です。

➡ 47 ページへ

物語①

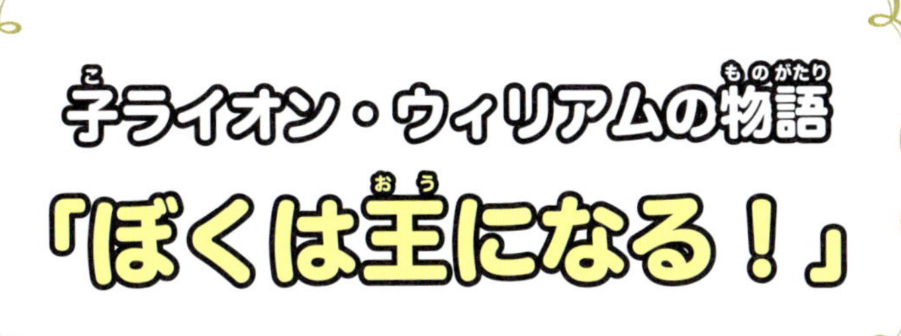
子ライオン・ウィリアムの物語
「ぼくは王になる！」

アフリカのサバンナに
ライオンの大家族が群れで暮らしています

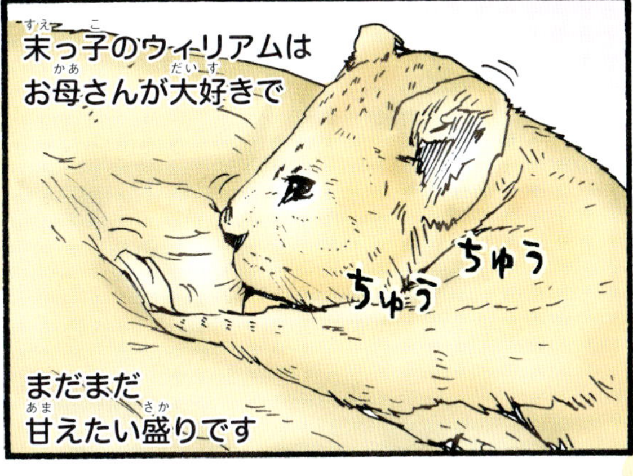
末っ子のウィリアムは
お母さんが大好きで
ちゅう
ちゅう
まだまだ
甘えたい盛りです

お父さんたちは夜に見回りをして
子どもたちを
ハイエナから守り

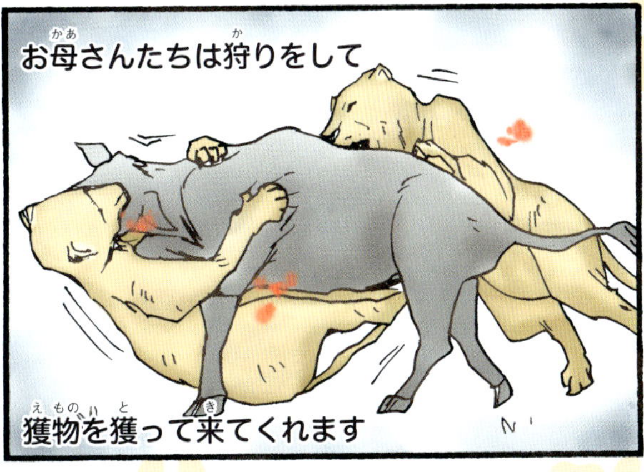
お母さんたちは狩りをして
獲物を獲って来てくれます

ウィリアムは
兄弟たちと一緒に
がんばれー
すくすくと
成長していきました

ある日のこと、
少し大きくなった
ウィリアムが
おいしーい
ガッ
ガッ
獲物を食べていると――

同じ群れの
オスライオンが
現れて
ズズズズ…
!?

大きくなったウィリアムを
ライバルとみなして
どうして
怒ってるの？
こわいよー！
群れから 追い出して
しまったのです！

もうウィリアムは
家族の元へは
帰れません

他の追い出された
兄弟と一緒に
放浪の旅をするしか
ないのです──
スリッ

新しい家族を手に入れて
群れの王になるには
他のオスから
うばうしかありません

しかし…
強いオスに
挑んでは負け──

せっかくの
獲物にも
逃げられて
なかなかうまくいきません…

過酷な旅を続けて
２年ほどが過ぎた頃
ウィリアムはたくましい
大人のライオンになりました

ある日──
病気でオスを
失ったメスの
群れと出会い──

メスはウィリアムが
王にふさわしいか
バシッ
テストをしました

動じない態度を示し
テストに合格
したのですが…
スリッ

このメスの群れの王の座を
ズズズズ…
他の
オスライオンも
狙っていたのです！

メスは
より強いオスを
群れに
迎え入れる為に
2頭を戦わせます！
勝った方が
王になるんだ！

ウィリアムは力を振り絞り
バシーッ
渾身の一撃!!

負けを認めた
ライバルの
オスは
去って行き――

ついに
勝ったぞ！
長い長い放浪の旅の末に
ウィリアムは群れの王になったのです

そして再び――
ここからまた
新しい家族の物語が始まるのです

強いぞ！ かっこいいぞ！

百獣の王・ライオンの秘密

かっこよくて強いライオンだけど、彼らはどうやってアフリカを生き抜いているのだろう？その秘密にせまろう！

“百獣の王”たる立派なたてがみ

オスの象徴ともいえる、ライオンのトレードマーク。暑い場所では短くなることもあるそうです。不思議ですね。

速いと思いきや実は足はおそい!?

実は他の肉食動物と比べて決して足が速くありません。ガゼルやシマウマには振りきられてしまうのです。

鼻の色は年れいで変わる

若いときにはピンク色ですが、年をとるにつれて黒ずんでいきます。6才をすぎる頃には真っ黒です。

ほこり高きサバンナの王さま・ライオン

ライオンといえば“百獣の王”と呼ばれるほど、強くてかっこいいイメージ。**実際体の大きさは2mをこえるものもいますので、ネコ科の中ではトラと並んで最大級の動物といえるでしょう。**

ライオンのトレードマークともいえるタテガミは、1～2才頃に生え始め、5～6年すると立派な色、ふさふさ感になっていきます。群れのリーダーとなるオスライオンは、群れを守っていく責任があります。強いオスになり、群れをおびやかす敵から群れの仲間たちや縄張りを守るのです。

アニマルデータ

1 ライオン（オス）

体長 145～200cm　体高 80～110cm
体重 120～200kg　食性 肉食
分類 食肉目ネコ科ヒョウ属

人との比較

生息地マップ

サハラ砂漠南部からアフリカ南部のサバンナや岩地

百獣の王だって楽じゃない！

オスライオンの サバンナでのかこくな一生

かっこいいライオンですが、きびしいサバンナでは生き抜くことは決して楽ではありません。

1

10頭前後の兄弟といっしょに生まれてくる

群れには何頭かのお母さんがいるので、兄弟もたくさん！いっしょに成長します。

ママだいすき！

もし群れからはぐれるor追い出されると……

群れからはぐれると、1頭で狩りをしたことがないオスライオンは餓死してしまうことも……

0才～

2

1才～

とくに狩りの練習はせずに育つ

オスライオンは狩りをしないので、メスライオンのように狩りの練習をすることもありません。

2才～

ぼくの勝ちだ！

群れの王として仲間たちを守る

縄張りに侵入してくる他の動物や、群れを乗っ取ろうとするオスライオンを倒して、仲間を守ります。

新しい群れを見つけて王の座を勝ち取る

放浪するオスライオンは、他の群れのオスライオンを倒すことで新しい王になります。

一般的な寿命は……

オスライオンの一般的な寿命は10～15年。飼育下では25年を超えることもあるようです。

うわー！

出てけー！

群れから追い出されて新しい群れを探す

成長したオスライオンは、群れから追放されて、放浪の旅に出ます。

ヒゲじいの言葉

サバンナは危険だらけ！　大人になるのはおよそ2才といわれますが、その前に死んでしまう子どもも少なくないそうですぞ……

“百獣の王”なのになぜごろごろしているの？

ライオンは強くてかっこいいイメージだけど、昼間からみんなでごろごろしているのはどうしてなのだろう？

ヒント①

狩りをしている時間は何時くらいに見えるかな？

ライオンたちが狩りをしています。あたりは真っ暗ですが、これは何時くらいなのでしょう？

ヒント②

アフリカはどんな天気だろう？

ライオンたちが暮らすアフリカは、どんな気候なのでしょう？　暑い？　寒い？

ヒゲじいの答え

暑さと日差しをさけて狩りなどをしているからなんですぞ

サバンナの気温は40℃にたっすることもあるほど暑い

ライオンたちが暮らすアフリカのサバンナ（草原地帯）の気温は、日中にとても高くなり、暑いときにはなんと30～40℃まで上がることもあります。さらに、**赤道に近いことから、地面にふりそそぐ日差しがとても強く、動物たちは動いているだけで体力を消もうさせてしまいます。**ましてや走り回って狩りをするなんて、もってのほかなのです。

そのため、ライオンたちは日差しが強く、気温が高い昼間は、たいていごろごろと寝そべって過ごします。**だらけているように見えますが、体力を温存しているのです。メスライオンたちが狩りなどで活発に動き出すのは、夕方になって日差しが弱まってからが多いのです。**

夜に活動する様子から、ライオンは一見まるで夜行性の動物のように見えますが、実はそうではありません。昼間がとても暑いサバンナの気候に合わせて行動する結果、そのように見えてしまうのかもしれません。

獲物がたくさん取れたときは、3日間休むことも。

強いのにどうして群れを作るの？

ライオンって強いから1頭でも生きていけそうな気がするけど、どうして群れを作っているのだろう？

ヒント①

メスとオスでしていることがちがう

メスが狩りをしている間、オスはどこにもいませんね。狩りには参加しないのでしょうか。

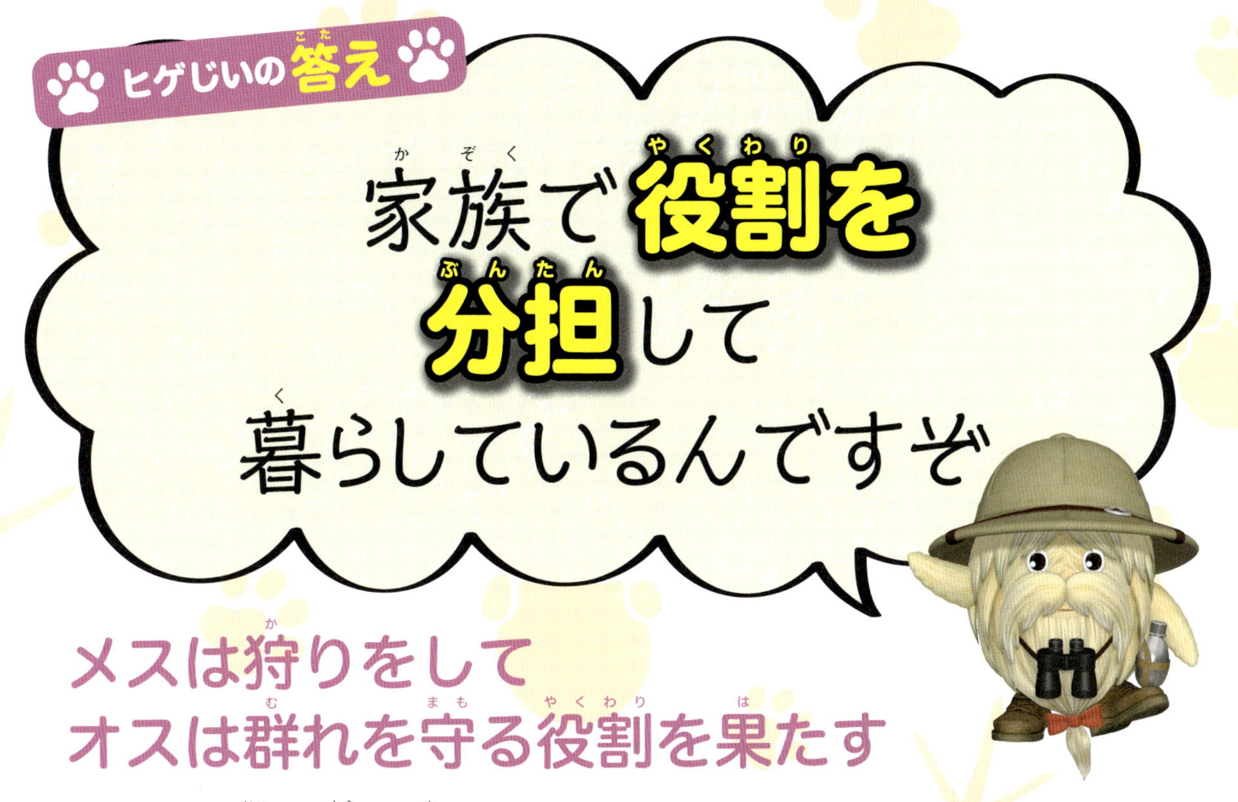

ヒゲじいの答え
家族で役割を
分担して
暮らしているんですぞ

メスは狩りをして オスは群れを守る役割を果たす

ライオンは、実は１頭での狩りはそんなに上手ではありません。何頭かのメス同士が上手に連けいプレーを行うことによって、狩りの成功率が高くなるのです。でも、ただ獲物を捕まえられるだけでは、かこくなサバンナを生きぬくことはできません。

ライオンたちが狩った獲物をうばおうと狙ってくるハイエナなど他の肉食動物たち。群れや縄張りを乗っ取ろうとするオスライオン。群れの平和をおびやかす危険が、サバンナにはたくさんあるのです。

オスライオンの
登場で逃げる
ハイエナたち

そんなときは、オスライオンの出番です。**メスライオンより大きくがっしりとした体で敵をいあつして、追い払ったり倒したりします。そうやって、群れを危険から守るのです。これは、メスライオンには難しい仕事なのです。**

こうして、ライオンたちは群れの中でオスとメスで役割分担することによって、かこくなサバンナを必死に生きぬいているのです。

たてがみが立派なのは強さの表れでもあります。

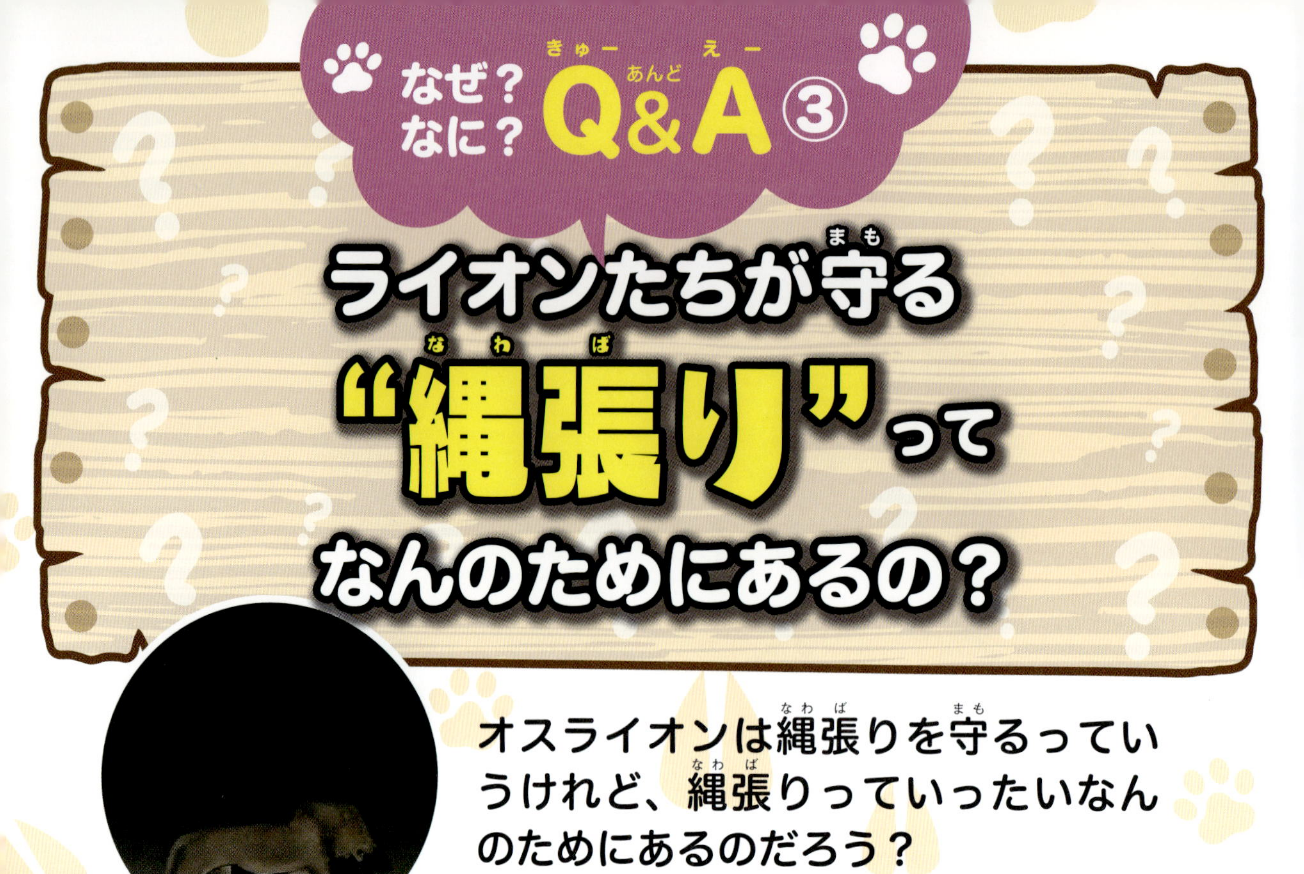

なぜ？なに？Q&A③

ライオンたちが守る“縄張り”ってなんのためにあるの？

オスライオンは縄張りを守るっていうけれど、縄張りっていったいなんのためにあるのだろう？

ヒント①

侵入したライオンは……

水を飲もうとしたライオンが、その縄張りのライオンにいかくされ、追い出されています。

ヒント②

ゆっくりと体を休めるライオンたち

木のそばの木かげでねっころがって体を休めていますね。

ヒゲじいの答え

体を休める木かげや水を飲む所が確保できて**生活しやすくなる**んです

縄張りを持つことで体を休めはんしょくがしやすくなる

縄張りとは、テリトリーともいいます。**その群れだけが生活するための場所で、オスライオンたちはこの縄張りに他のライオンが侵入することを決してゆるしません。**

かこくなサバンナで縄張りを持たないということは、体を休めたり水をゆっくり飲んだりする場所がないということです。そうなると、とてもつらい生活になります。たとえ狩りに成功したとしても、その縄張りのライオンに気づかれて見つかってしまえば、ゆっくり獲物を食べることもできないのですから。

縄張りをおかした敵ライオンにようしゃはしません。

縄張りに入ってきたライオンを追い出すオスライオン

群れから追い出された若いオスライオンや、**縄張りをうばわれてしまったライオンたちは、他のライオンたちの縄張りを渡り歩いて、放浪生活をします。**しかし、おちおち休んでもいられないかこくな生活で、1年以内に命を落としてしまうライオンも多いといいます。縄張りという存在が、ライオンたちの生き残りにどれほど大事かがわかりますね。

なぜ子どもを群れから追い出すの？

同じ群れの仲間のはずなのに、オスライオンが子どものライオンを追い出しちゃった！ なんでこんなことをするの？

ヒント①

どれくらい大きくなっているかな？

子どもといっても、体は大きくなり、たてがみも生えてきました。

ヒント②

追い出されている子どもはオス？メス？

同じ子どもでもメスライオンは追い出されておらず、群れにとどまっているようです。

ヒゲじいの答え

オスライオンは大きくなったオスの子どもをライバルとみなすからですぞ

たとえ子どもであっても王以外のオスは群れにとどまれない

ライオンの群れでは、メスはずっと同じ群れにとどまりますが、オスはときおり入れ替わります。より強いオスを群れの王にすることで、群れが守られて生き残る可能性が高まるからです。
そのため、群れのオスライオンは、**大きくなってきた子どものうち、オスライオンだけを「自分の地位をおびやかすライバル」とみなして、群れから追い出してしまうのです。**
群れにいることが許される大人のオス

たてがみが生えてきた若いライオンはライバルとみなします。

群れをかけて戦うオスライオンたち

は、王だけです。たとえ王の血を引いた子どもであっても、例外ではありません。**2～3才になると、オスライオンは群れから追い出されて、放浪の旅をします。**その間に成長して強くなり、他の群れの王に戦いを挑むのです。勝てばその群れの王に、負けたら逃げるかそのまま死んでしまうかという結末が待っています。居場所は勝ち取るしかありません。ライオンたちが暮らす、野生の世界はきびしいものですね。

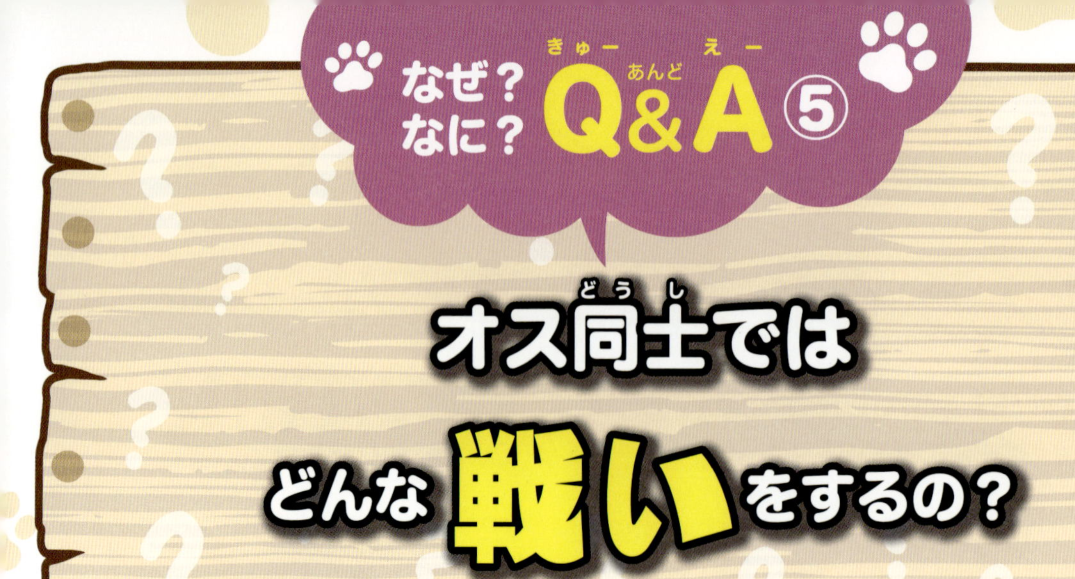

なぜ？なに？Q&A⑤

オス同士ではどんな戦いをするの？

ライオンのオス同士は、どちらかが倒れるまではげしく戦ったりすると思ってたんだけど、どうやって戦っているのだろう？

ヒント①

オスだけじゃなくメスもその場にいる

よく見るとオスライオンの近くにはメスライオンがいます。オスはメスを追いかけているようです。

ヒント②

戦ったと思ったらすぐに離れていく

オス同士で戦ったと思ったら、ずっと戦うわけではなく、すぐに離れてしまいました。

ヒゲじいの答え

よりメスの近くにいられたオスの勝ちなんですぞ

戦いは通常5分程度で終わり殺しあうまで戦うことは少ない

勇もうで強そうなイメージがあるオスライオンですが、その戦いが毎回「ツメやキバを使って、どちらかが死んでしまうまで戦う」ようなはげしいものであるとは限りません。むしろ、そういった戦いは少ないといいます。オスの数が減ると、ライオン全体の数が減ってしまうということを本能でわかっているのかもしれません。

はげしい戦いの代わりに、**オスライオンたちは5分程度で決着がつく戦い方をします。そのひとつが「逃げるメスを追いかけて、どちらがその近くをキープできるか」という勝負です。**

負けたオスライオンは放浪の旅に出るが、そのまま死んでしまうことも。

戦いの勝敗は一瞬で決まります

逃げるメスを追いかけながらオスが威圧しあい、ときにこぜりあって戦うのです。この戦いならばどちらかが、死ぬまで戦う、ということはありません。負けたほうはおとなしくそのまま群れを去り、勝ってメスライオンの近くをキープできたオスが群れの王の座を手にできる、というわけです。

ライオン 豆知識①

ライオンが子どもを殺してしまう!?

群れを持たないオスライオンが、戦いで群れの王に勝つと、負けたライオンを追放し、群れの新しい王になります。そのとき、前の王の子どもを殺してしまうことがあるのです。これは「子殺し」という習性です。

子どもを失ったメスライオンは、じきに次の子どもが産めるようになります。「子殺し」は新しい王が早く子どもを産んでもらうために起きると考えられています。子どもを王から逃がそうとする母ライオンもいるそうです。

物語②
母ライオン・ナイラの物語
「お母さん奮闘記」

サバンナを歩くメスライオン
ナイラには群れの仲間がいません

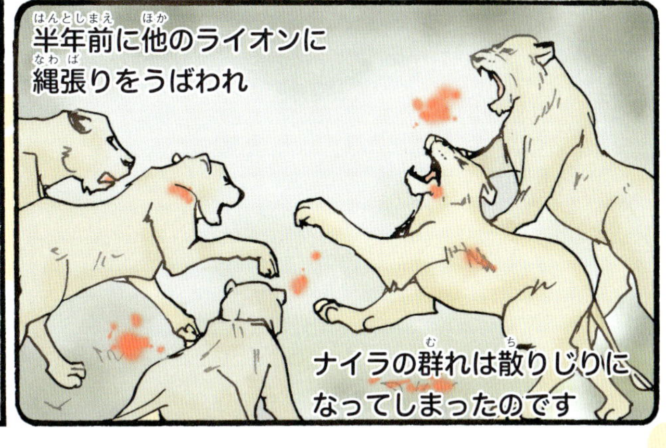
半年前に他のライオンに
縄張りをうばわれ
ナイラの群れは散りじりに
なってしまったのです

そのときからナイラは、１頭で６頭の
子どもたちを育てているのです
おかあさーん
お腹空いたよ〜

子どもたちを守りながら
出ちゃダメよ
狩りを行わなくてはなりません

一緒に
狩りをする
仲間がいない
ナイラは
スッ…
獲物を自分だけで
しとめるしか
ありません

ダッ
あっ！

子どもが飛び出したので
獲物が逃げてしまいました…
ああ…

ごめんなさい…
ペロ
ペロ

苦労は狩りだけでは
ありません

縄張りがないナイラたちは
誰か
侵入者が
いるぞ
ハッ！

水を飲む場所もなく
みんな
行くわよ！
体を休める場所さえ
ないのです――

そんなかこくな
日々を過ごす中
狩りのときに、
子どもたちに
変化がありました…

狩りのとき、
先頭をナイラではなく
成長した子どもたちが
歩くようになったのです！

獲物だ…!

がんばるね！

ガマンよ…

群れから離れた一瞬の隙を
狙って回り込み――
今だ!!

待ち構えていた兄妹が
やったぞ！
ガッ
ガゼルをしとめた…！

ついに子どもたちが成長して
狩りができるように
なったのです！
みんなで
食べよう！
ガッ
ガッ

そこへ…！
誰だ!?
ガサッ
ここの縄張りの
主が現れましたが――

ナイラは逃げ出さず…
子どもたちがしとめた
大事な獲物は渡さない！
ガルル
追い払ったのです!!

たった１頭で子どもたちを
育て上げたナイラは
これからも子どもたちと
支えあって
いつかきっと
一家で縄張りを
持つ日が来るでしょう

チームプレーで獲物をしとめる！

狩りはお母さんに任せて！メスライオンは名ハンター

かっこいいのはオスライオンだけではありません。実はメスライオンは獲物を捕まえる名ハンターなのです！

獲物をしとめるするどいキバ

ライオンたちはするどいツメで獲物をとらえ、全体重をかけてするどく大きなキバでトドメをさします。

お母さんのしっぽは子どもたちのじゃれあい相手

子ライオンたちは、メスライオンのしっぽにじゃれつきながら、狩りの練習をすることもあるといいます。

家族に獲物を用意するお母さん

ライオンの群れは共同で狩りをすることで成り立っています。狩りの仕方は、後でくわしく紹介しましょう。狩りが得意なお母さんライオンたちがいなければ、子どもたちもオスライオンも日々の獲物にありつくことは難しいのです。ただ、オスライオンもなにもしていないというわけではありません。獲物を狩るのとひきかえに、**メスライオンたちは強いオスライオンに群れを率いて守ってもらうことで、安心して子育てができるのです。**こうしてライオンたちはみんなで協力して、きびしいサバンナを生き抜いているのですね。

がっちりとしたアゴで獲物をしとめる！

ライオンのアゴはとっても丈夫です。かむ力がとても強いので、一度かみついた獲物をはなしません。

アニマルデータ

2 ライオン（メス）

体長 140〜175cm 体高 80〜110cm
体重 120〜150kg 食性 肉食
分類 食肉目ネコ科ヒョウ属

人との比較

生息地マップ

サハラ砂漠南部からアフリカ南部のサバンナや岩地

群れを支えるお母さん！

メスライオンの
ハント&子育てライフ

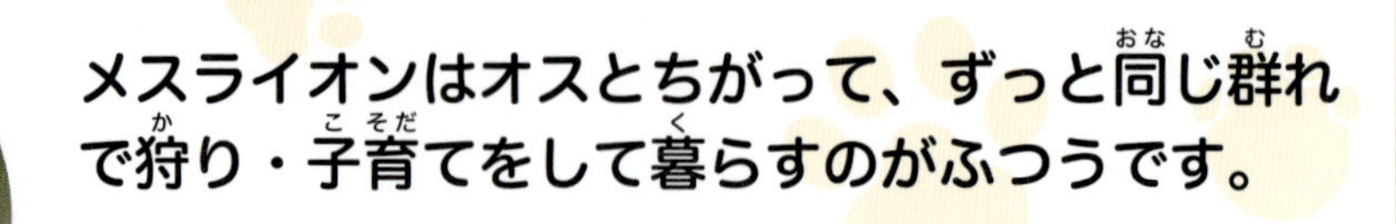

メスライオンはオスとちがって、ずっと同じ群れで狩り・子育てをして暮らすのがふつうです。

1

オスライオン同様、10頭前後の兄弟と生まれてくる

産まれてすぐは、オスもメスもいっしょにわけへだてなく育ちます。

お母さんのまわりから離れてしまうと…

ライオンといっても小さいうちは弱いので危険。安全なお母さんの近くで過ごします。

0才～

1才～

2才半～

2

狩りの練習よ！

オスとメスで行動が分かれ始める

メスはお母さんと、オスはオス兄弟といることが増えてきます。

狩りと子育てを仲間と両立していく

メスは毎日狩りに子育てと大忙し。群れのみんなとチームプレーでがんばります。

4

このオスはどうかな？

5

オスを見定めて群れに迎え入れる

もし新しいオスを迎える場合、それを見定めるのはメスの役割です。

一般的な寿命は……

10～15年といわれていますが、オスとくらべて長生きをすることがあります。

3

うわ～！

捕まえた！

狩りの担い手としてはたらき始める

狩りを覚えた若いメスたちは、立派にハンターとしてはたらきます。

ヒゲじいの言葉

毎日狩りに子育てと忙しいんですなぁ！　けれど、その分ふさわしいオスをえらぶ権利も持っているんですぞ。

なぜ？なに？Q&A⑥

なぜお母さんがたくさんいるの？

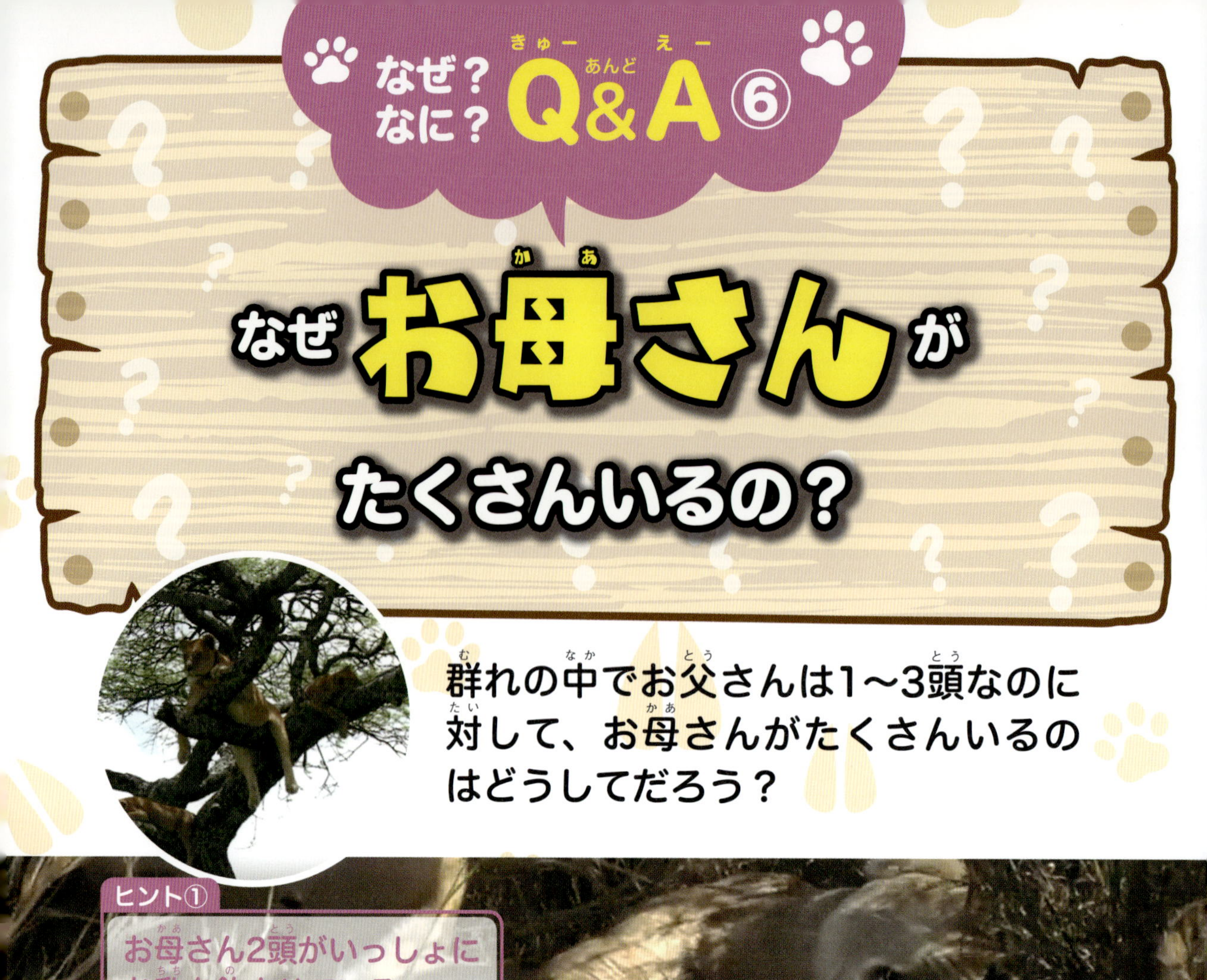

群れの中でお父さんは1～3頭なのに対して、お母さんがたくさんいるのはどうしてだろう？

ヒント①

お母さん2頭がいっしょにお乳を飲ませている

お母さんライオンがいっしょにねころんで子どもにお乳をあげていますね。

ヒント②

役割を分担するお母さんたち

獲物を食べているお母さんと、子どもを連れてきたお母さん。2頭でちがうことをしていますね。

ヒゲじいの**答え**

狩りの成功率が上がるうえ、**子育て**もしやすくなるからですぞ

みんなで子どもを育てていっしょに狩りをする

群れの中には、1～3頭のオスライオンに対して、メスライオンがそれ以上の数でいることがふつうです。**彼女たちは協力してチームで狩りを行うため、メスの数が多ければ多いほど狩りの成功率は高くなります。**

また、複数のお母さんがいることは、より安全な子育てにもつながります。群れでは狩りも子育ても基本的にメスが行っていますが、例えば食事中に群れが他の動物におそわれたとき、子どもたちのそばに親がいなかったら危ないですよね。複数のお母さんがいれば、何頭かが敵をいかくしている間に、他のお母さんが子どもたちについていることもできます。逆に、お母さんが1頭しかいないと、子守りも狩りも敵へのいかくも、すべて自分だけでやらなければなりません。それは大変ですよね。

ネコの仲間で群れを作るのはめずらしいケースですが、これはライオンたちが生きるための戦略なのですね。

子どもを守るように
獲物のところまで
連れていきます

メスはずっと同じ群れにいるから、仲もいいのですね。

なぜ？なに？Q&A ⑦

どうやってお母さんだけが狩りを覚えるの？

群れでメスだけが狩りをするのはわかったけれど、どうやってメスだけが狩りをするようになるのだろう？

ヒント①

メスの子どもたちはお母さんとなにかしている

メスの子どもたちは、ただお母さんと遊んでいるわけではないようです。

ヒント②

同じときにオスはただ見ている

オスの子どもは、メスの子どもとお母さんとははなれているようです。

ヒゲじいの答え

メスだけが子どもの頃から**狩りの訓練**をしているんです

メスはお母さんといっしょに狩りの練習をして大きくなる

ライオンの子どもは、1才前にはお母さんや姉妹と狩りの練習を始めます。メスの子どもたちが大人に飛びかかり、**大人は飛びかかられた瞬間にコロンと転がり、獲物のような役割をして、狩りの練習をします。**そうやって幼い頃から訓練をするため、メスは大人になると立派なハンターになれるのです。
ただしそれはオスより体が小さくすばやいメスだけの話。オスの子どもは狩りの訓練には参加しません。メスとオスはだいたいこの頃から行動が分かれ始めて、メスはメス同士、オスはオス同士で行動することが多くなるのです。
狩りに参加できるほど大きくなったメスたちは、チームを組んで狩りを行います。ただ獲物を追いかけるだけではなく、おうぎ型に散らばって相手を追いこんでいきます。こうして**息のあったチームプレーをするために、メスライオンたちは小さい頃からいっしょに訓練をして、おたがいのきずなを深めていくのです。**

身をひそめて、静かに獲物を待つライオン

ちらばって獲物を追いつめていきます。

ライオンにとってのごちそうってなに？

ライオンはふだん自分たちでしとめた獲物を食べていると思うけど、ライオンたちにとってのごちそうってなんだろう？

ヒント①

標的は大きな動物！ひるまずおそいかかる

この日の獲物は、自分たちより体の大きなシマウマのようです。

ヒント②

ごはんは毎日食べられるのかな？

獲物に逃げられてしまった様子……。こんな日はどうするのでしょう？

ヒゲじいの答え

シマウマやヌーなどの**大きい動物**がだいこうぶつですな！

大きな獲物をみんなで分けあって食べるのがルール

狩りが必ず成功するほしょうはないので、ライオンたちも毎日食事ができるというわけではありません。成功したときにお腹いっぱい食べておくことが大事なのです。そのため、群れのみんなでお腹いっぱい食べられる大きな動物がよいのでしょう。**例えば 300kg ほどあるシマウマや、200kg ほどあるヌーなどもよく狙うようです。**それらの子どもも、親ほど速く逃げられないのでかっこうの獲物です。

一方が追いつめ、もう一方が獲物を待ちぶせるのは、ライオンが得意な方法。

オスが来る前に次々に獲物にむらがるメスライオンたち

獲物をしとめたときには、群れのみんながわれ先にとむらがり、するどいキバと強いアゴで肉をかみきり食べていきます。メス同士は肉を分けあって食べますが、オスが来たらその場所はゆずらなければなりません。**群れの王であるオスライオンには、メスが捕ってきた獲物をひとりじめにするふるまいも許されているのです。**そんなオスライオンも、体が小さな子どもたちには、いっしょに食べることを許すことがあります。

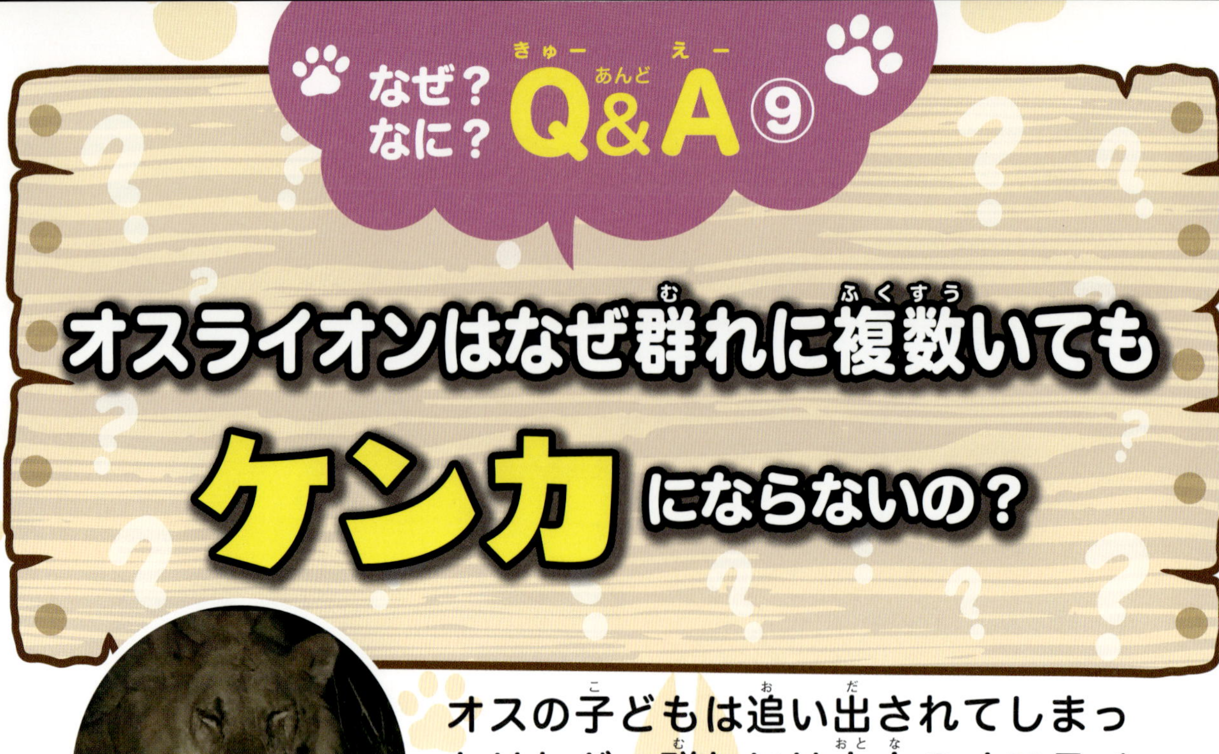

なぜ？なに？Q&A⑨

オスライオンはなぜ群れに複数いてもケンカにならないの？

オスの子どもは追い出されてしまったけれど、群れには大人のオスライオンが他にもいるみたい……。どうして追い出されないの？

ヒント①

いっしょに縄張りを見張っている

群れのオスたち、いっしょに縄張りを見回っているようです。

ヒント②

追い出されてしまったオスライオンたち

群れから追い出されてしまったオスライオンの兄弟はとても仲がよさそうですね。

ヒゲじいの答え

オスの兄弟同士は とっても仲がよく あまりケンカはしませんぞ

オスの兄弟は群れの中で助けあいや協力をしている

オスの子どもたちは群れの王に「ライバル」としてみなされ、追い出されてしまいます。でも、実は群れに2頭以上のオスライオンがいて王になることはめずらしいことではないのです。**いっしょに王になるライオンは、兄弟やいとこ同士であることが多いです。**子どものころにいっしょに群れを追い出され、放浪の旅をして、その群れに行きついたのでしょう。そのきずなもあってか、彼らはとても仲よしなのです。

侵入したライオンと戦うときには協力します。

群れの中でいっしょに縄張りを見回ったり、協力して敵と戦ったりします。オスライオンの兄弟たちは、**いっしょの群れにいても、ケンカするということはほとんどありません。**

王が複数いることは群れにとっても利点があります。王の仕事は縄張りと仲間を守ること。2頭いたら、その分大きな縄張りやたくさんの仲間を守れますね。また、メスにとっても子どもをたくさん残せる可能性が高まるのです。

なぜ？なに？Q&A ⑩

群れの仲間がいないライオンはどうやって生きているの？

ライオンは群れで協力して狩りをするっていうけど、群れの仲間がないライオンはどうやって生きのびているのだろう？

ヒント①

1頭で狩りをしようとしているメスライオン

他に大人の仲間がいないメスライオン。1頭で狩りをしようとしましたが失敗……。

ヒント②

他の動物の食べ残しを食べるオスライオン

ちょっとだけ肉が残っているのを発見。ぜいたくは言ってられないようです。

ヒゲじいの答え

成功率は低いけど**狩り**をしたり**食べ残し**でがまんしたりするんですな

「1頭での狩りは苦手」とは言ってられない！

縄張りをうばわれて群れがバラバラになってしまった場合、群れから追い出されてしまった場合など、ライオンが群れを失ってしまうことはめずらしいことではありません。そんなときは、**たとえ1頭での狩りの成功率が低かろうと、がんばって自分だけで狩りをするしかないのです。**メスライオンの場合はたよれる仲間がいないため、得意のチームプレーはできません。可能な限り獲物に近づいて一気にしとめる必要があります。これがなかなかむずかしく、しかも1頭では大きな獲物を倒すこともできません。

食べ残しも、ジャッカルやハゲワシが狙っているので得るのは楽ではありません。

メスライオンは、自分の子どもと新しい群れを作る道も

オスライオンの場合は、メスライオンとちがって子どものころにお母さんライオンと狩りの練習をしたこともないので、さらに狩りの成功率は低くなってしまいます。**狩りをする以外にも、他の動物が食べ残した肉をあさることもあります。**そうやってきびしい放浪生活を生き残れたライオンだけが、新しい群れを作っていけるのです。

ライオン 豆知識②

メスがオスをえらぶポイント

群れの王であるオスが、病気など何らかの理由でいなくなってしまった場合、メスたちは次の王となるオスを迎え入れなければなりません。メスだけでは縄張りをおびやかす敵を追い払えないからです。

メスだけでは他の群れのライオンやハイエナなどの敵を追い払えません

オスをえらぶ権利はメスにあります。そのきじゅんは「強い」ことです。そのためメスは、「強さを表すりっぱなたてがみ」や「ケガをしていないこと」など、強さのしょう明になるものがそろっているか、じっくり見定めます。

メスに認められたオスだけが群れの王になれるのですな！

物語③

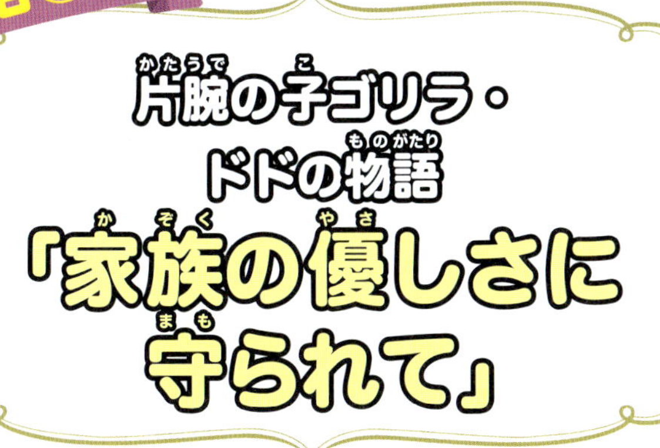
片腕の子ゴリラ・
ドドの物語
「家族の優しさに
守られて」

ここはアフリカ
中央部に広がる熱帯雨林

木の上に木登りが得意な
ニシローランド
ゴリラの
家族がいます

でも１頭だけ
地面にいる子が…
６才の男の子 ドドです

ドドには
右腕が
ありません

以前、群れを持たない
オスゴリラが
やって来て
!

ドドは襲われて
腕を失って
しまったのです…

そのときから
ドドは
どうやって
生きてきたの
でしょうか？

パラ
パラ
地面にいる
ドドのところへ
たくさんの木の実が
落ちてきました！

おいしい♪
木の実を落としたのは
ドドの家族です！
ゴリラには食事のとき
果実や枝を落とす
習性があるのです

でも
それだけではなく
みんなで
移動するときには
こっちだよ
お父さんゴリラが
待ってくれていて

ドドが
先頭を
歩くときも
後ろから
見守ってくれて
います！

食事の時は
みんなで
食べよう！
兄妹たちが
ドドを気遣います

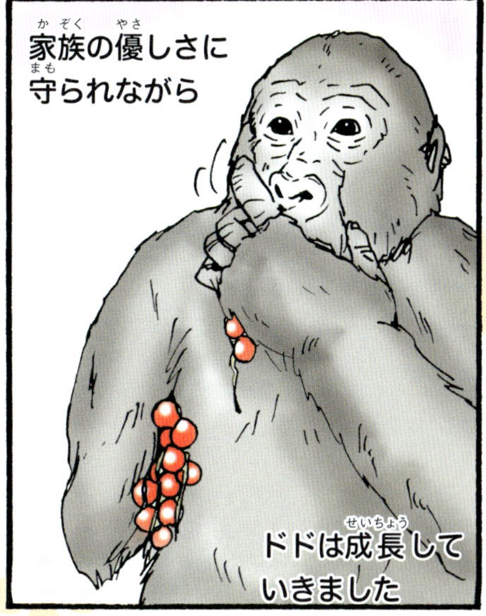
家族の優しさに
守られながら
ドドは成長して
いきました

そんな
ある日――

ドドが…！
木を登り始めたのです！

片腕でも
自分なりの
登り方で
みんなと同じように
登ることができました！

ドドには
右腕が無くても
助けてくれる
家族がいます

みんなの優しさに守られながら
知恵と努力で工夫して
ドドはこれからも
たくましく生きて
行くでしょう

家族で協力して生きていく

やさしい森の賢人
ニシローランドゴリラの姿

大きくて強そうなゴリラは、一見こわく思えるけれど、本当はとってもやさしくてかしこいということは知っていますか？

木登りが大得意！大きな体で器用に登る

ニシローランドゴリラは木登りが大の得意！ 体重は100kgを超えますが、器用に木を登ることができます。

ゆったりと歩くゴリラの動き方

歩くときは手のひらをグーにして、地面について歩きます。これはナックルウォークといいます。

やさしくて おだやかな性格

ゴリラは仲間を気づかったり、手助けをしたりといった、やさしい行動を見せることがあります。

大きくて強いけれど やさしいゴリラたち

ゴリラの種類は、大きく「ニシゴリラ」と「ヒガシゴリラ」に分けられます。ニシローランドゴリラは、そのうちニシゴリラに分類されます。特ちょうは、なんといってもその大きくて強そうな体！ 手でものをつかむ力もとても強いのです。でも、強そうなだけではありません。**ゴリラは仲間を思いやった行動をとる、実はとてもやさしくてかしこい動物です。**彼らは、父親のオスと何頭かのメス、そしてその子どもたちで構成された家族で生活します。家族は支えあい、助けあっていることがわかってきたのです。

アニマルデータ

3 ニシローランドゴリラ

体長 140〜180cm
体重 120〜200kg　食性 雑食
分類 霊長目ヒト科ゴリラ属

人との比較

生息地マップ

カメルーンやカボンなどの熱帯雨林

熱帯雨林は食べ物がたくさん！

ニシローランドゴリラのゆたかな生活

ゴリラが暮らす熱帯雨林は植物がたくさん！　木に登ってゆったり暮らしています。

1

1度に産まれる赤ちゃんは1頭だけ

お母さんが3〜4年に1頭だけ産む赤ちゃん。必死にお母さんの体にしがみつきます。

ゴリラはけいかい心が強い生き物

ゴリラは熱帯の森に住むうえ、けいかい心が強いため、観察が難しく、まだわかっていないこともたくさんあります。

3才半〜

2

0才〜

お母さんの背中におぶさるように

体力がついてきて、お母さんの背中におぶさって移動するようになります。

4

自分の群れを作るんだ！

群れを持たないはぐれゴリラとなることも

メスは8才頃に家族を離れ、別の家族に移ります。オスは11才までに家族を離れ、新しい家族を持つため放浪します。

8〜11才

お父さんが家族を導き、メスは子どもを育てる

基本的に、お父さんは家族に1頭。メスはお父さんと協力しながら子どもを育てます。

5

家族といっしょだよ！

一般的な寿命は……

一般的に40〜45年は生きるといわれています。とっても長生きなんですね！

3

おいしい！
わーい！

お父さんのそばで兄弟たちと遊ぶように

お母さんから離れて、お父さんに見守られながら歩いたり、遊んだり食べたりします。

ヒゲじいの言葉

ニシローランドゴリラたちがすむ熱帯雨林は自然がゆたかですな〜！ ゴリラたちが長生きなのも納得ですぞ！

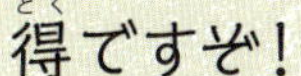

なぜ？なに？Q&A ⑪

なぜ木の上で暮らしているの？

ニシローランドゴリラって体が重そう……。それなのにどうしてわざわざ木の上で生活しているの？

ヒント①

木の上にあるなにかを目指して木登り

木の上でなにかを食べているニシローランドゴリラ。これを食べるために木に登るんですね。

ヒント②

枝をえらんで木登りをしている

やたらめったら登るわけではなく、つかまる枝をえらんでいるようです。

ヒゲじいの答え

木の実がたくさんあるから**木の上の生活**をしているんですな

おいしい木の実を食べるためにあえて木の上で生活をするゴリラ

例えば同じゴリラでも、山のほうにすむマウンテンゴリラは、木の実がなるような木が少ないため、おもに地面の草などを食べています。そのため、ほとんど地上で暮らしています。しかし、ニシローランドゴリラの場合は、住んでいる場所が実のなる木がたくさん生えている熱帯雨林です。**木に登ればおいしくて栄養も豊富な、木の実をたくさん手に入れられるのです。**また、木の上では葉っぱなども食べます。

木の上で大きな体を器用に支えるゴリラ。

遠くの枝をつかんでひっぱって、木から木へ移動します

そのため、ニシローランドゴリラは木登りが大得意。ときには高さ30mもの木に登ることもあります。**体は200kg近くあって重いけれど、きちんと自分の体重が支えられるような枝をえらんで、登っているようです。**ゴリラの手のひらは大きく、枝をつかむのにもてきしています。器用に足の指で枝をつかみ、自由な両腕を伸ばして木の実を取り、木の上でむしゃむしゃと食べるのです。

なぜ？なに？Q&A⑫

お父さんはどんな役割を果たしているの？

ニシローランドゴリラの家族には、お父さんはふつう1頭だけれど、いったいどんな役割を果たしているのだろう？

ヒント①
ふだんは温こうなお父さんだけど…
敵が近づいたときは、さけび声をあげて走ってきます。

ヒント②
はぐれそうな仲間も見逃さない
移動中、歩くのがおくれている子どもを待ってあげています。

ヒゲじいの答え

家族を先導したり敵をいかくしたりして**仲間を守っている**んですぞ

頼れるお父さんが大家族を連れて森を歩く

大きくて力の強いゴリラ。敵がいないように見えますが、それはまちがいなのです。特に意外な敵といえるのが、**同じゴリラなのです。ただのゴリラではなく、まだ家族を持たない大人のオスゴリラ、いわゆる「ひとりゴリラ」です。**彼らは自分の家族をもつためにメスゴリラを連れさってしまおうとします。

家族の危険を察知したお父さんのゴリラは、大きな声をあげていかくをしながら、敵に向かってとっ進していきます。ふだんは温こうでめったなことではあばれないゴリラですが、家族を守るときにはおどろくほどの力をはっきします。3才ほどになりお母さんから離れた子どもを見守るのも、お父さんの役目です。

また、ゴリラは食べものを求めて、1日で森の中を2km も移動します。それを先導するのもお父さん。はぐれそうな仲間を気にかけ待ってあげたり、敵におそわれないようにあたりをけいかいしたりもします。

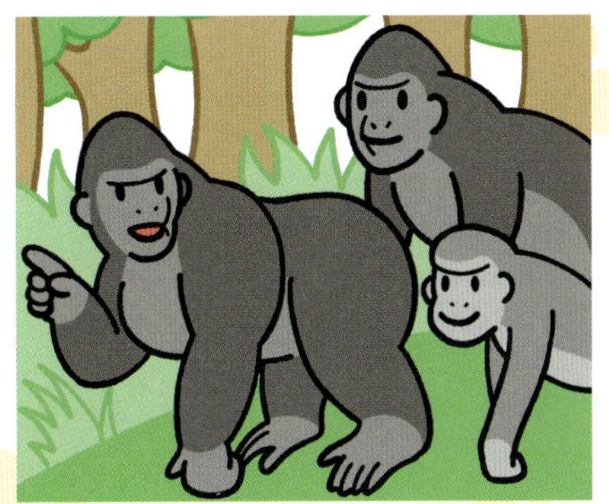
移動中、群れの仲間を気にかけながら進んでいきます。

お母さんはちがうけれど、みんなお父さんの子どもです

どんなものをどんな風に食べるの？

大きくて強そうなゴリラだけど、食べものはライオンとか他の強そうな動物とはちがうみたい。ゴリラはどんなものをどんな風に食べているんだろう？

ヒント①

木の上でゆっくりなにかを食べている

木の上に登ってなにかを口にしているよう。木の上にあるものといえば？

ヒント②

地面に落ちたなにかをひろって食べている

地面に落ちたものもひろい上げて食べているようです。木から落ちてくるものといえば？

ヒゲじいの答え

いろいろな種類の木の実や葉っぱを木の上で食べていますぞ

ニシローランドゴリラは木の実や葉っぱがだいすき

ニシローランドゴリラは、おもに木の上の木の実や葉っぱを主食にして生活しています。彼らが住む熱帯雨林はおいしい木の実や葉っぱがなる木がたくさん生えていて、いろいろなものを食べていることがわかっています。1年を通じて食べる果実は50種類以上。他にもつる植物など食べる植物は100種類ほどもあるという観察記録もあるのです。

食べるときは、木の上でゆっくり食べます。木の実や葉っぱを枝ごとおって、木の上でかかえてむしゃむしゃと食べることもあります。

木の下にたくさんの木の実や葉っぱが落ちます。

木の上で枝をかかえてごうかいに食べます

ゴリラはおもしろい習性を持っていて、食べている木の実や葉っぱを地面に落としながら食事をします。なんだかもったいないような気もしますが、地面にいる仲間や木に登ることができない仲間が、**この習性によってごはんをたくさん食べられることもあるのです。**結果的に、群れの仲間たちを助けていることになるのかもしれませんね。

ゴリラってどういうふうにやさしいの？

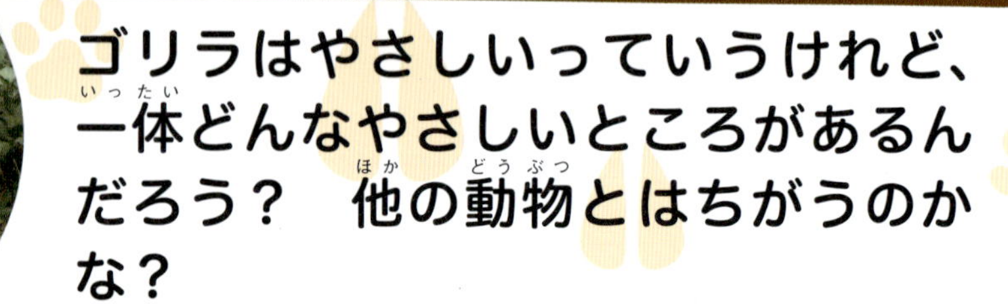

ゴリラはやさしいっていうけれど、一体どんなやさしいところがあるんだろう？　他の動物とはちがうのかな？

ヒント①
移動中にリーダーが子どもを気にかけて……
家族が移動しているとき、１頭でおくれている子どもを気にかけているようです。

ヒント②
方腕がない子どもを守るようにかこむ子ども
片腕がない子どもを、他の子どもたちが守るように囲んで木の実を拾っています。

ヒゲじいの答え

いたわりや気づかいなど人間のような行動を見せるんですぞ

ゴリラは人間に近い類人猿 他の猿もしない行動を見せることも

ゴリラは動物の中で、人間に近い類人猿にぞくする生き物です。ゴリラの他には、チンパンジーやオランウータンなどもこの類人猿にあたります。類人猿は他の動物たちと比べて知能が高く、仲間たちと社会的な生活をします。

そして、ゴリラはその中でも、さらにめずらしい特ちょうがあります。それが**きずついた仲間を手助けしたり守ったり、はぐれないように気づかったりするという「やさしさ」からくる行動をすることです。**

片腕をなくした子どもがはぐれないように待つお父さん

自分の子どもじゃなくても弱った子どもを気づかうことも。

弱い者を連れているということは、生き残りをかけた生活においては足かせにしかなりません。しかし、ゴリラはそんな仲間を見捨てることはせず、気配りや手助けをしながらいっしょに生きていくのです。観察ではお父さんのそうした行動が家族に伝わって、家族全体で弱い者を守る様子が見られました。弱い者にこそ、家族みんなで気を配る。そうして、ゴリラの家族は強い力で結束しているのかもしれません。

敵が来たらどうするの？

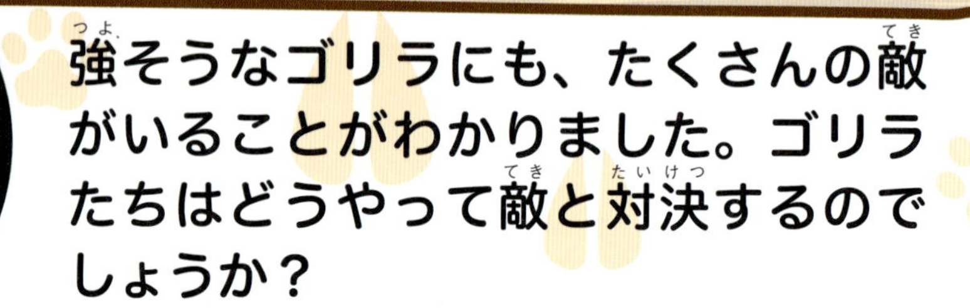

強そうなゴリラにも、たくさんの敵がいることがわかりました。ゴリラたちはどうやって敵と対決するのでしょうか？

ヒント①

敵を察知したお父さん

大きな声をあげて敵に向かってとっしんしていくようです。

ヒント②

木の上で胸をたたく

胸をたたいて音を出す、「ドラミング」をしています。

ヒゲじいの答え
お父さんが
追い払ったり
戦ったりします

家族のきけんを察知して お父さんはすばやく行動する

ゴリラはやさしい性格とはいっても、群れの平和をおびやかす敵に対してはこうげき的になります。p57で説明したように、大きくて力の強いゴリラにも敵はたくさんいるのです。お父さんは群れの仲間たちを守るためにいつも一生けん命なのです。

例えば、家族の誰かがきけんを察知して鳴き声をあげた場合、お父さんはすぐさまその場へ向かって、いかくをします。**低くうなり声をあげながら、敵に向かってとっ進をしていくのです。**体の大きなゴリラがいきおいよく向かってきたら、それだけでこわいですよね。そこからはげしくたたかいに発てんすることもあります。

むねに空気をためて、ポコポコと音を出します。

子どもはだんだん
ドラミングを
覚えていきます

また、**自分の力をアピールするために「ドラミング」をすることもあります。**ドラミングとは、むねをたたいて「ポコポコ」という音を出すゴリラの行動です。この独特のパフォーマンスによって、自分の力強さを相手にしめすことができます。

ゴリラ豆知識

ゴリラのシルバーバックってなに？

お父さんの背中を見てみると、子どもとくらべて毛が白いことがわかります。ゴリラのオスは、おとなになると背中から腰にかけての毛が白く変わるのです。そのため、「シルバーバック（銀色の背中）」と呼ばれます。

白い背中は
大人のオスの
しるしなんですぞ！

ゴリラは家族を中心とした数十頭のメンバーで暮らします。家族は、シルバーバックの父親が、リーダーとしてひきいています。お父さんの役割は、子どもたちの世話をしたり、敵と戦ったりして、家族の安全を守ることです。

群れを守るのが
シルバーバックの
しごとですぞ！

第2章

なぜ？ なに？ アフリカの動物大図鑑

ここでは、映画に出てきた動物たち以外にも、たくさんのアフリカの動物たちを紹介します。かっこいい動物からかわいい動物まで、あなたの好きな動物は見つかるでしょうか？

なぜ？なに？Q&A ⑯

チーターはなぜあんなに速く走れるの？

すべての動物の中でいちばん足が速いとされるチーターだけど、どうしてそんなに速く走ることができるのだろう？

ヒント①

足のうらのツメ

チーターのツメは、ネコとちがって出しっぱなし。どんなふうに役に立つでしょうか？

ヒント③

体の形にも注目！

チーターの体は引きしまっていて、他の動物より細くしなやかですね。

ヒント②

頭の形は…

チーターの頭は、ライオンなどの他の動物とくらべると小さいようですね。

スピードの出やすい体の形をしているからですぞ

しなやかなフォルムは走るのに最も適している形

チーターは頭が小さく、足も長く細く、すらっと引きしまった体をしています。これが、スピードの秘密なのです。**走るとき、背骨を反らせて長い足を前後に大きく開くのがポイント。ひとまたぎで最大 8m も進めます。この動きを 1 秒で 4 回繰り返し、超スピードを生むのです。**

さらに、ふつうのネコは出したりひっこめたりする足のツメが、チーターの場合はずっと出しっぱなし。これが地面につきささり、スパイクの役割を果たします。

全身を使って走るため、つかれやすい。

アニマルデータ

チーター

大きさ 110〜150cm

体重 35〜72kg　食性 肉食

分類 食肉目ネコ科チーター属

人との比較

生息地マップ

アフリカのサバンナや草原
森林地帯など

ヒョウはなぜいつも木の上にいるの？

ヒョウは大きな体なのに、とっても木登り上手。サバンナ（草原）では食事や子育ても木の上でしているけれど、なぜ安定した地面におりてこないの？

ヒント①

体格はどうかな？

ヒョウの体は、ライオンやハイエナなどの動物とくらべるとほっそりしていますね。

ヒント②

足は速いのかな？

ネコ科の動物で足が速い代表選手はチーターでしたね。

ヒント③

狩りや子育てはだれがするの？

大人が狩りや用事をしているときに、子どもの側で守ってくれる大人はいるのでしょうか？

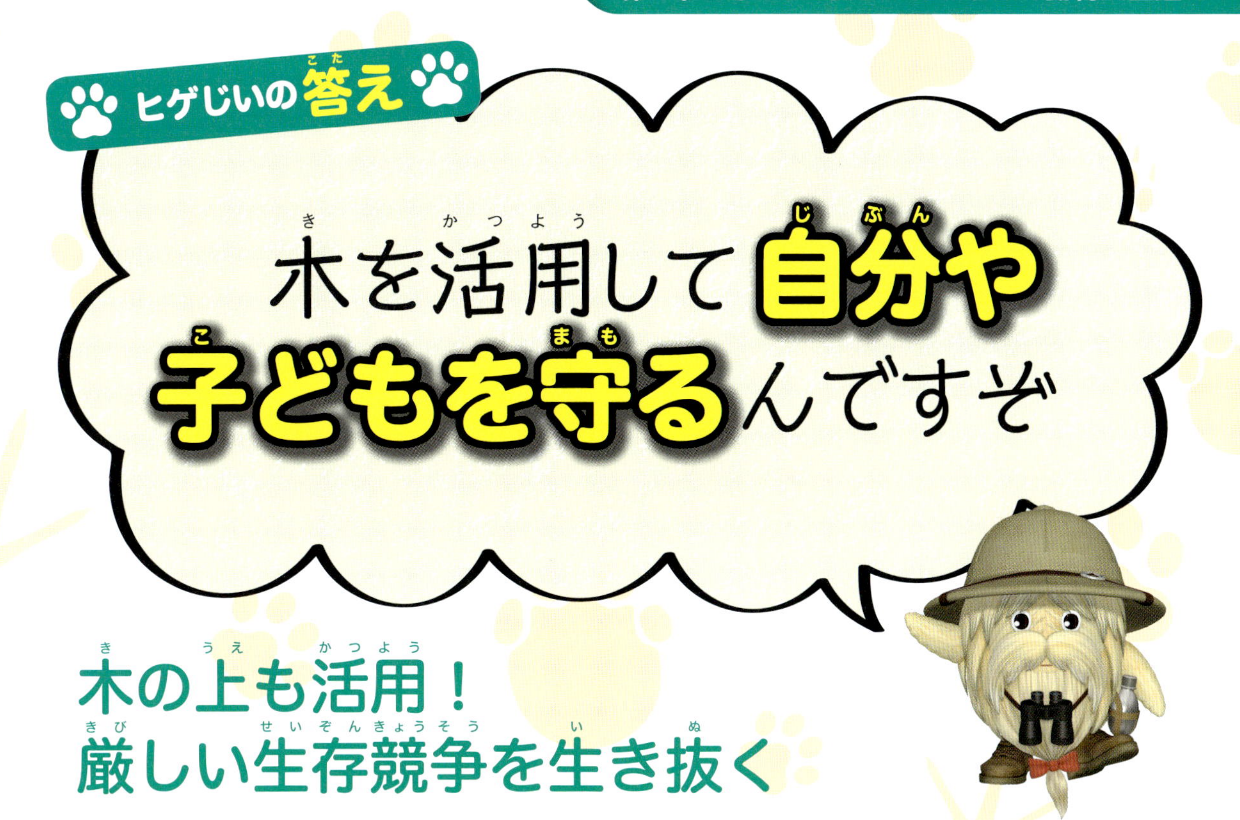

ヒゲじいの答え
木を活用して自分や子どもを守るんですぞ

木の上も活用！厳しい生存競争を生き抜く

ヒョウはライオンにくらべると体は小さめで、チーターのように走るのが速いというわけではありません。そのため、ハイエナなど他の肉食動物とのケンカをさけるため、**ライバルたちが登れない木の上で過ごすのが安全なのです。**

さらに、狩りのときには木の上は獲物を探す見張り台にも、獲物を食べたり置いておいたりする場所にもなります。

また、子育てはほとんど母親が行いますが、そのときも木の上はこどもの避難場所になります。

獲物は安全な木の上でゆっくり食べたい

ライバルのいない木の上が安心です。

なぜ？なに？Q&A ⑱

オオミミギツネの子育ての知恵って？

草原で暮らすオオミミギツネは、小さな体できびしい自然を生き抜くために、どんな知恵を持ち、工夫をしているんだろう？

ヒント①
敵が近づくと…
お父さん、お母さんが敵をいかくして、巣穴を守っているようです。

ヒント②
仲がよさそう
お父さんとお母さんがお互いをなめて、毛づくろいをしていますね。

ヒント③
耳がとっても大きい
特別に大きな耳が目立ちます。ねむくても耳はピンと立てています。

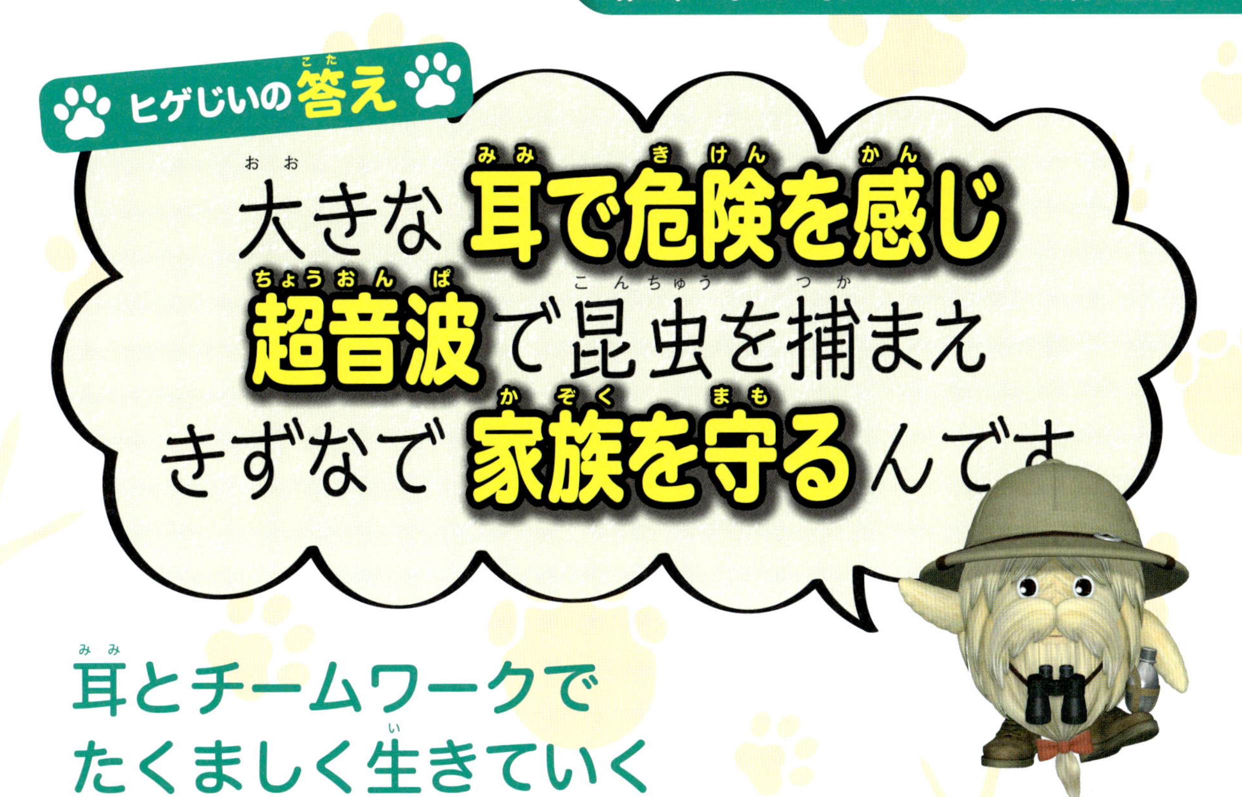

ヒゲじいの答え
大きな耳で危険を感じ
超音波で昆虫を捕まえ
きずなで家族を守るんです

耳とチームワークで たくましく生きていく

大きな耳を持つオオミミギツネ。人の耳には聞こえない超音波まで聞こえる耳で食べ物の昆虫を探し、敵が来るのをいち早く察知します。夫婦は仲がよく、いつも互いに毛づくろいなどのスキンシップをしながらきずなを深めています。**育児も仲よく役割分担。お父さんが巣穴をしっかり見張り、お母さんが巣穴の中で子どもたちの世話をします。**敵が来たら、お父さんがおとりになり、その間にお母さんが子どもたちを逃がします。夫婦でいっしょに敵を攻撃することもあります。

子どもが成長すると、両親が虫の取りかたを教えます。

アニマルデータ

6 オオミミギツネ

大きさ 46〜66cm
体重 3〜5kg　食性 肉食
分類 食肉目イヌ科オオミミギツネ属

人との比較

生息地マップ
アフリカ東部や南部の砂漠やサバンナ

なぜ？なに？Q&A ⑲

ブチハイエナは狩りが苦手なの？

他の動物がしとめた獲物を、横取りばかりしているイメージのブチハイエナ。なぜそんなずるいことばかりするのかな？　狩りが苦手なのかな？

ヒント①

草食動物を群れで囲んで…

ブチハイエナの群れがシマウマを囲んでいます。これからどうなるのでしょうか。

ヒント③

習性を見てみよう

仲間とは、お尻のニオイをかぐあいさつを欠かしません。群れはいつもいっしょ。協力しあい、弱い者をかばう思いやりがあるようです。

ヒント②

強い動物にも負けない

群れを作ってチームワークで行動するブチハイエナは、ライオンなどの強い動物にもおそれずに挑んでいきます。

ヒゲじいの答え

素顔は優秀なハンターで争いを好まないおだやかな動物ですぞ

足が速くスタミナも抜群 強いきずなの中で生きている

ずるい動物のようにいわれることが多いブチハイエナですが、**本当は仲間おもいで狩りも得意。**時速65kmの足とスタミナ、団結力によって、食べ物の6割は自分たちで狩りをして手に入れます。

つぶらなひとみが
素顔を物語ります

ライオンの獲物を横取りすることも多いけど実は逆に獲物を横取りされることも多いのです。

ハイエナはケンカをさけ、あいさつをするなどのルールを守ります。きずついた仲間はかばい、子育ても協力する、やさしい動物です。

丈夫な歯とアゴがじまん。かむ力の強さも肉食動物有数です。

アニマルデータ

7 ブチハイエナ

- 大きさ 55～160cm
- 体重 10～85kg　食性 肉食
- 分類 食肉目ハイエナ科ハイエナ属

人との比較

生息地マップ

サーバルはなぜ狩りがうまいの？

ペットのネコより少し大きいくらいのサーバル。小さな体でたくましく生き抜く優秀なハンターは、どうしてそんなに狩りがうまいの？

ヒント①
目立つのは？
草むらの中からぴょんと飛び出すほどの大きな耳が特ちょうです。

ヒント②
狩りの方法は？
ジャンプして、上から獲物を捕らえることが多いようです。

ヒント③
攻撃力は？
もう毒を持つ大きなヘビもおそれず、ゆうかんに戦います。

ヒゲじいの答え
耳のよさとジャンプ力のおかげですぞ

大きな耳で小さな音もキャッチ 正確なジャンプで捕まえる

体長70cmほどのサーバルが、力やスタミナで勝負するのはむずかしいこと。そこで、特ちょうである大きな耳で超音波までキャッチし、ネズミなどの獲物の位置を正確につかみ、ジャンプして飛びかかります。高さ2m、距離4mの大ジャンプはネコ類の中でも特別な力。**上からいっしゅんでしとめることで、気づかれるまもなく獲物を捕らえることができます。**危険な毒ヘビには、するどい高速猫パンチとすばやい動きを武器に、戦ってしとめます。

接近戦は苦手。獲物に近づいて捕まえようとしても、すばやい相手には逃げられてしまいます。

なぜ？なに？Q&A㉑

ミナミアフリカオットセイはなぜサメに対抗できるの？

海の名ハンター、ホホジロザメに囲まれた島で子育てをするミナミアフリカオットセイ。巨大なサメからどうやって身を守っているのかな？

ヒント①

泳ぐ方向を見てみよう

危ない海から早く島に帰ったほうがいいのに、まっすぐじゃなくてジグザグに泳ぐことがありますね。

ヒント③

群れで行動する意味は？

子どもといっしょのときには大きな群れを作ることがあります。

ヒント②

泳ぐときの顔の向き

息つぎのために水面に顔を出すときは島の方角を見て確認し、水の中では半分下を見ているみたいです。

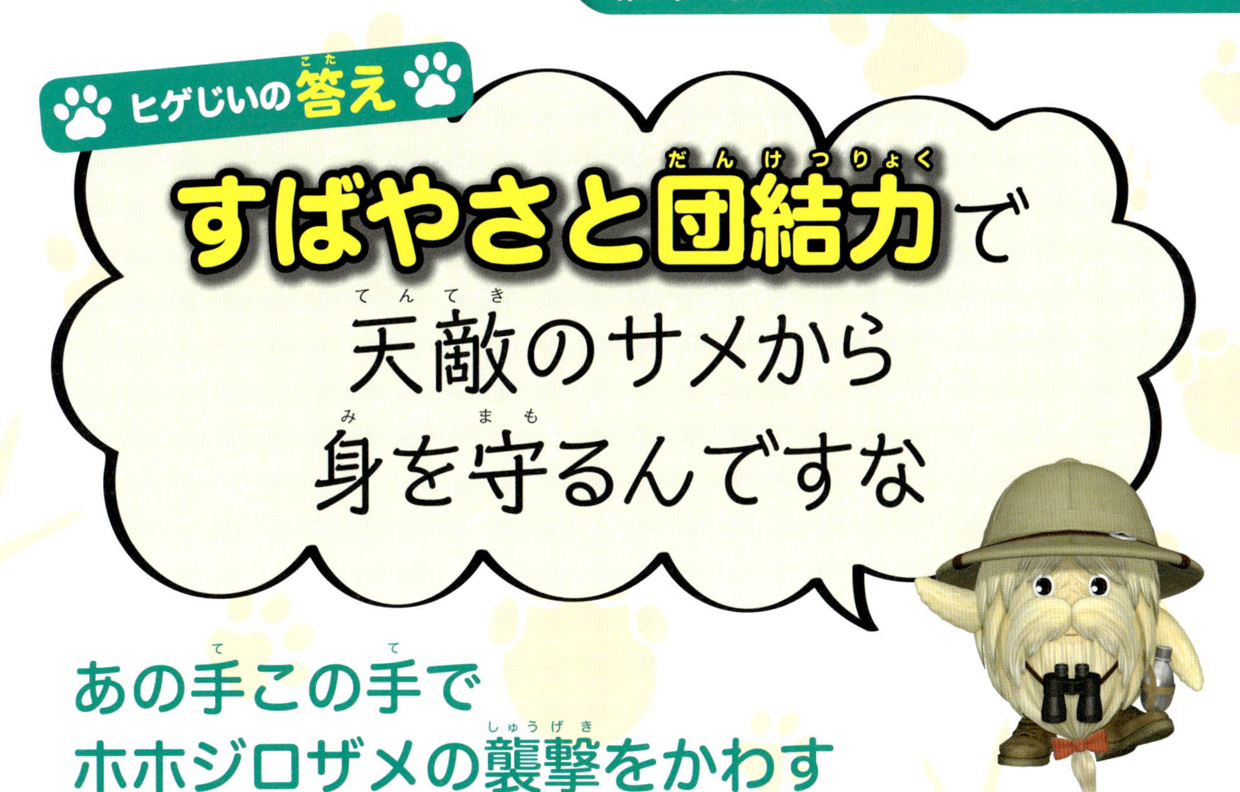

あの手この手で ホホジロザメの襲撃をかわす

南アフリカのシール島の海岸では、ミナミアフリカオットセイの母親が集まって子どもを育てます。食事と子育てのため、海と海岸を行き来するお母さん。海中から急におそってくるサメから身を守るためにさまざまな工夫をします。例えば、**すばやく向きを変えながら半分下を向き、サメが来ないか確かめながら泳ぎます。**大きな群れで四方八方に泳ぎ、サメが狙いを定めにくくする方法も。サメに見つからないよう深く潜って泳いだり、夜の間に狩りをしたりもします。

空中にはねあがって
狩りをするホホジロザメ

すばやいオットセイなら、先に気づけば、逃げられます。

アニマルデータ

9 ミナミアフリカオットセイ

大きさ 180～230cm
体重 41～360kg　食性 魚食
分類 食肉目アシカ科ミナミオットセイ属

人との比較

生息地マップ

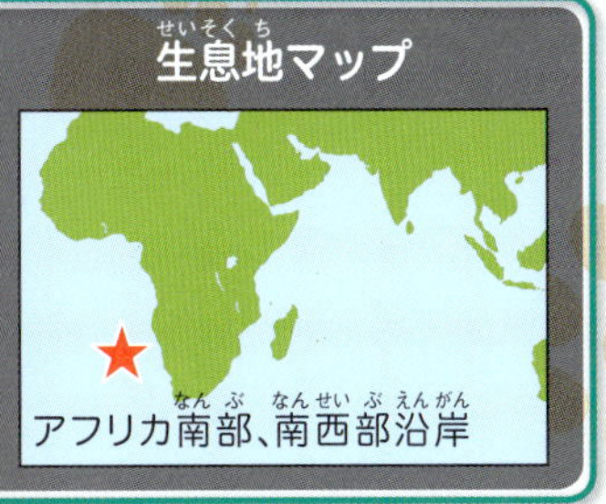

アフリカ南部、南西部沿岸

ミーアキャットの子どもの「訓練学校」ってなに？

群れで子育てをするミーアキャットは大人たちが子どもたちに学校みたいな訓練をするというね。なんのためにどんな訓練をしているの？

ヒント①
食べものは？
ミーアキャットの食べものは、なかなかあぶないもののようです。

ヒント②
天敵のコブラには？
群れの大人たちがみんなで協力して立ち向かいます。

ヒント③
子育ての方法は？
子どもを、群れの大人みんなで育てます。

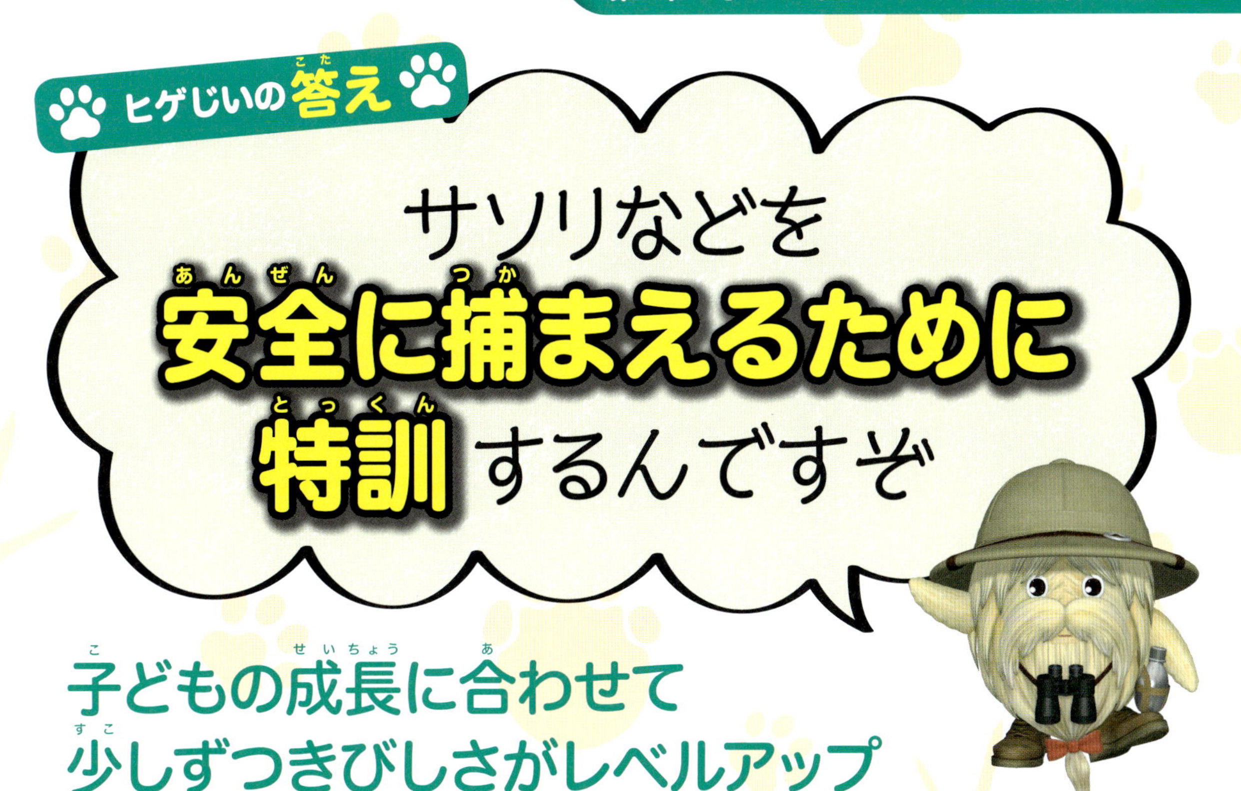

子どもの成長に合わせて少しずつきびしさがレベルアップ

かこくな砂漠で生き残るために、ミーアキャットは、昆虫やトカゲなどさまざまなものを食べています。中でもよく食べるのがサソリ。毒針で刺されると、死にはしませんがすごく痛いんです。そのため、**群れの大人たちは協力して子どもたちに順を追って狩りの訓練をします。**例えば最初は死んだサソリを与え、上手に食べられるようになったら、弱らせたサソリを生きたまま与えます。成長に合わせて訓練をする野生動物はとてもめずらしいのです。

まずは死んだ獲物を観察して食べることから練習

大人は、訓練ごとにちゃんとついてこられるか見守ります。

アニマルデータ
10 ミーアキャット
大きさ 25～35cm
体重 0.6～1kg
食性 肉食
分類 食肉目マングース科スリカータ属
人との比較
生息地マップ
アフリカ中部より南のサバンナなど

なぜ？なに？Q&A ㉓

コビトマングースはなぜアリ塚に住んでいるの？

コビトマングースは、「アリ塚」というシロアリの仲間が作った巣に住んでいます。どうしてそんなところに住むようになったのでしょうか？

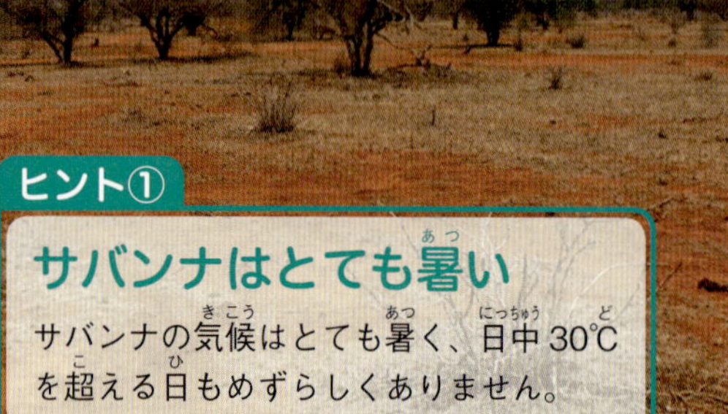

ヒント①

サバンナはとても暑い

サバンナの気候はとても暑く、日中30℃を超える日もめずらしくありません。

ヒント②

天敵は…

マングースの天敵は大型の鳥たちや肉食動物、ヘビなどです。

ヒント③

役立つ同居人たち

アリ塚には作ったシロアリのほか、さまざまな動物が住んでいます。

ヒゲじいの答え

サバンナの中でとても**住みやすい条件**が揃っているんですぞ

アリ塚はクーラー付きで身も守れる便利な家

マングースの中でもいちばん小さいコビトマングースは、シロアリの一種が作ったアリ塚の中に住んでいます。**内部は周囲の地面より気温が低く、快適なのです。**また、天敵である猛禽類が接近してきたときに逃げ込む砦としても利用できて、アリ塚は周囲より高くなっているため、天敵の接近を見張るにも便利。また、家主のシロアリは塚の深い部分にいて、棲み分けできているほか、コビトマングースのフンを食べるプレートトカゲなど、他の動物たちともうまく共生しているのです。

家族でアリ塚に暮らします

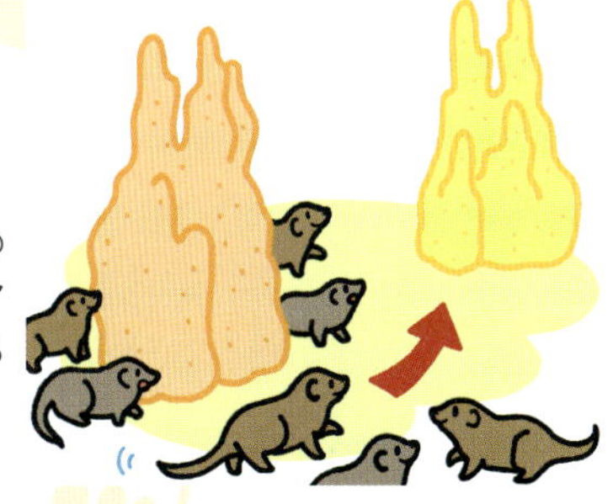
コビトマングースの群れはいくつものアリ塚を移動しながら暮らす。

アニマルデータ

11 コビトマングース

大きさ 18〜28cm
体重 210〜350g　食性 肉食
分類 食肉目マングース科コビトマングース属

人との比較

生息地マップ

アフリカ東部・南部のサバンナ

なぜ？なに？Q&A 24

サバンナシマウマがライオンに勝つための武器って？

目立つしまもようを持つシマウマ。肉食動物に見つかりやすく、かんたんに食べられてしまいそうだけど、なにか武器があるのかな？

ヒント①
意外と強気な性格かも
群れの力を使って、ときにはライオンをにらみつけることも。ただ逃げ回るだけじゃないのかも。
ヒント②
仲間同士の行動に注目
若いオス同士は遊び方がはげしくて、まるでケンカをしているみたいです。
ヒント③
草食動物なのにするどいキバ
メスをめぐってオス同士が血を流しながら戦うこともあるそうです。

ヒゲじいの答え

草食動物にしては**気が強く**ケンカっぱやい**後ろげり**も強烈ですな

肉食動物相手にいかくしたり撃退したりすることも

ライオンやチーターに食べられている様子を見ることが多いシマウマですが、実はシマウマも負けてばかりではありません。**若いオスは特に気が強く、仲間同士が集まって肉食動物をにらみつけたり、走って追いかけたりして追い払うことも。**一番の武器は後ろげり。追ってくる敵にうまくヒットすれば、敵は大きなダメージを負います。さらに、メスにはないするどいキバも強力です。群れのオス同士は普段から、はげしいケンカ遊びをしながらきたえあっています。

後ろげりは、
ライオンも吹っ飛ぶ
力強さ

メスをめぐる争いは、草食動物の中でも有数のはげしさ。

アニマルデータ

12 サバンナシマウマ

大きさ 220〜250cm

体重 175〜385kg　食性 草食

分類 奇蹄目ウマ科ウマ属

人との比較

生息地マップ

なぜ？なに？Q&A ㉕

キリンの子どもは保育園に行くって本当？

仲間で協力して子育てをする動物は多いけれど、キリンには子どもをあずかってくれる保育園があるって本当なの？

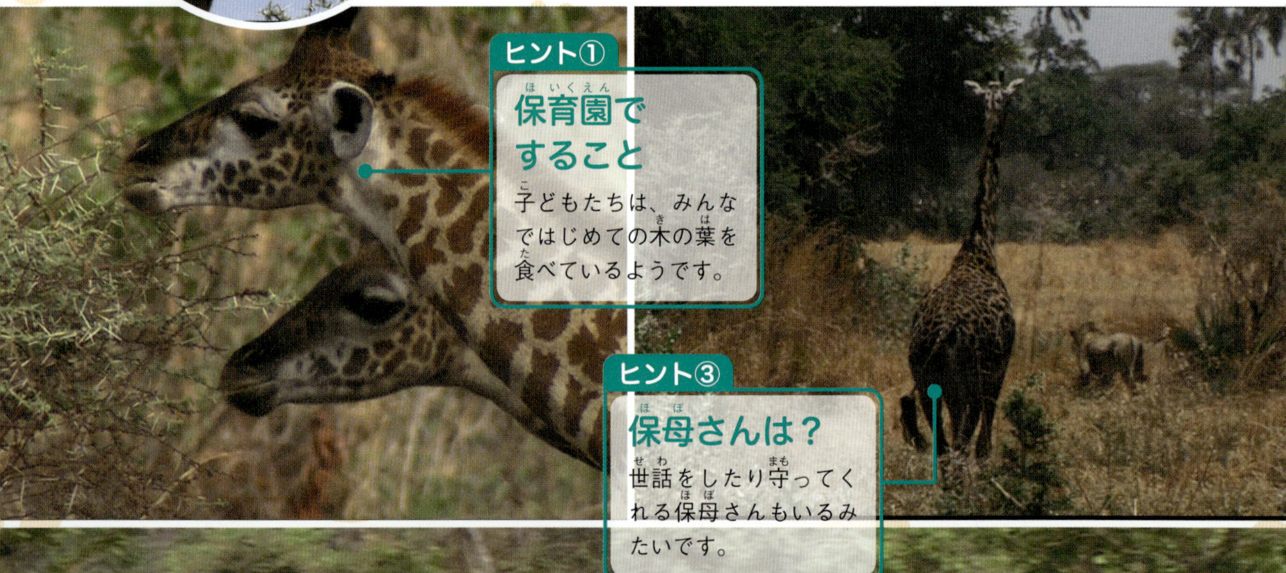

ヒント①

保育園ですること

子どもたちは、みんなではじめての木の葉を食べているようです。

ヒント③

保母さんは？

世話をしたり守ってくれる保母さんもいるみたいです。

ヒント②

安全は？

敵が来たときも、みんなでいっしょに逃げます。

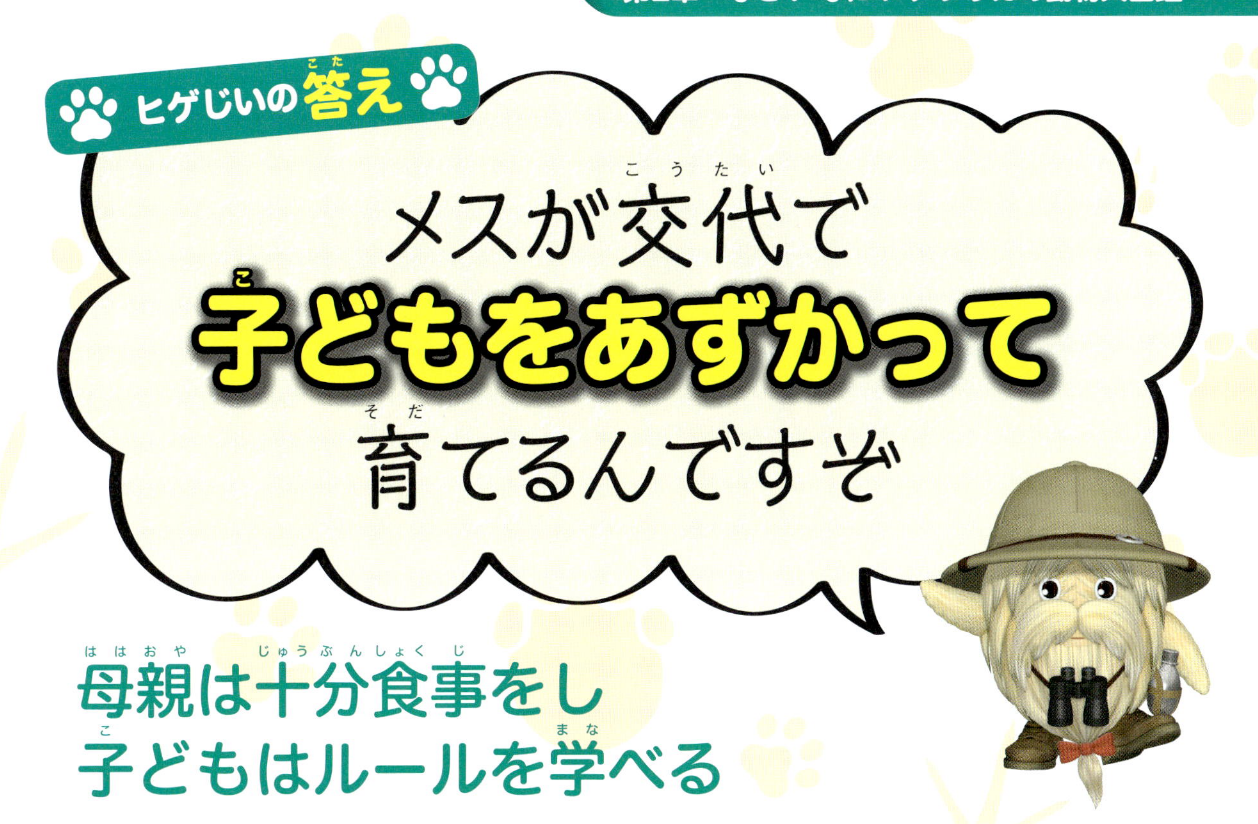

母親は十分食事をし
子どもはルールを学べる

子どもにおっぱいをあげるため、たくさんの葉を食べなければならないキリンのお母さん。子どもといっしょだと、あまり動き回れず、十分に食事ができません。そこで、**交代制で子どもとるすばんをする保育園を作り、保母さん役のメス以外は、自由に食事ができるシステム**を作りあげました。

子どもたちは保育園で仲間といっしょに遊び、生きるルールを学び、保母さんや保育園のまわりに集まるオスキリンに、敵から守ってもらいます。

保母さん役はたくさんの子どもに囲まれます

メスを求めて保育園のまわりに来るオスのキリンは子どもたちの守り役にもなります。

アニマルデータ

13 キリン

大きさ 300～400cm
体重 600～1900kg　食性 草食
分類 鯨偶蹄目キリン科キリン属

人との比較

生息地マップ
サハラ砂漠より南のサバンナや草原など

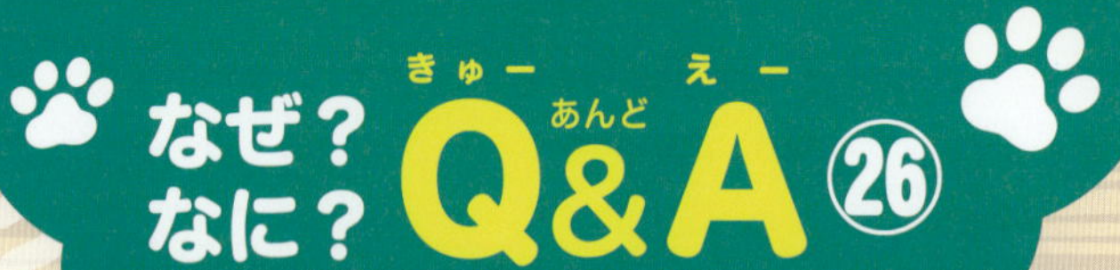

アフリカゾウが大集合するのはなぜ？

普段は十数頭の群れで暮らすアフリカゾウ。乾季のはじまりに300頭も大集合することがあるけれど、なんのためだろう？

ヒント①

子どもは何をする？

子ども同士、鼻を合わせてあいさつしています。初対面同士が多そうですね。

ヒント②

大人はなにをする？

大人は顔見知りや親類もいるようです。やはり長い鼻をからませてあいさつしています。

ヒント③

どこに向かう？

集まってあいさつを交わした後は、みんなで同じ場所をめざすようです。

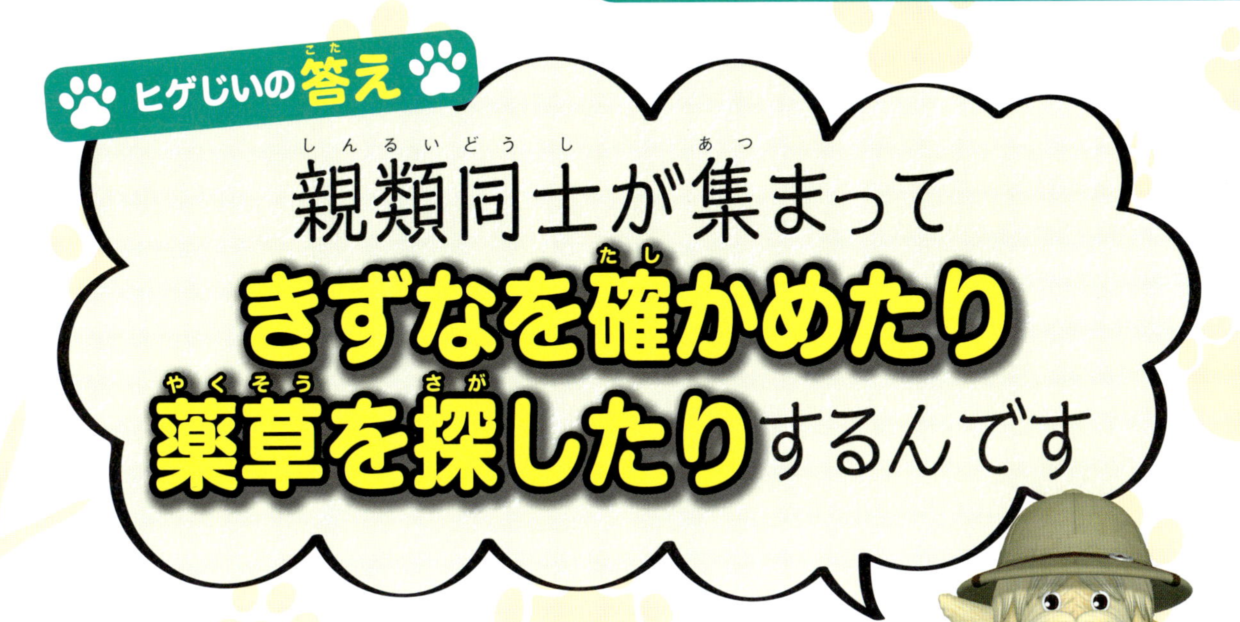

50〜60頭のきずな群れがいくつも集まり大きな集団に

アフリカゾウは、家族や親類たち十数頭がいっしょに暮らしています。血のきずなはかたく、他に群れを作って離れて暮らしている親類のことも忘れません。乾季には巨大な湿原にいくつもの群れが集まることがあります。**人間のお盆やお正月のように、親類同士が集まって再会を喜び、きずなを確かめあうきずな群れです。**もうひとつの目当ては、この時期だけ生える特殊な薬草です。大群で薬草の生えている場所にゆったり陣取り、貴重な薬草をたっぷり食べます。

東京ドーム100個分ほどの湿原に300頭ものアフリカゾウが

ゾウは思いやりやきずなが深く、強い者は仲間を守るため敵に立ち向かいます。

アニマルデータ

14 アフリカゾウ

大きさ 600〜750cm
体重 5800〜7500kg　**食性** 草食
分類 長鼻目ゾウ科アフリカゾウ属

人との比較

生息地マップ

サハラ砂漠より南のサバンナや森林など

スプリングボックはどうして高くジャンプできるの？

ほとんど助走もなしに高く跳ねるスプリングボック。つかれを知らないように、いつでもぴょんぴょんしているジャンプ力の秘密は？

ヒント①

空中での足の形は？

足をピンと伸ばして高くジャンプしていますね。

ヒント②

連続ジャンプも得意

地面におりたらすぐ次のジャンプができるようです。

ヒント③

足先を見てみよう

足先の部分が太くて強そうな形をしていますね。

ヒゲじいの答え

足先の太く丈夫な腱がバネのような役割を果たしているのですぞ

仲間にも敵にもジャンプで気持ちやメッセージを伝える

砂漠に暮らすスプリングボックは、不思議な習性を持っています。ほぼ真上にぴょんぴょん跳ねるのです。それもつづけて何度も何度も。そんなことができるのは、4本の足先にある、太くて丈夫な腱のおかげ。**着地したときにつま先が曲がって腱がのび、元に戻ろうとする力が次のジャンプのパワーになります。**メスにプロポーズするときも、おそいかかる敵に狩りをあきらめさせようとするときも、高く何度もジャンプして自分の力強さ、元気さをアピールします。

うれしいときも
不安なときも
華麗にジャンプ

涼

暑くなると背中の毛を逆立てて暑さ対策をします。

アニマルデータ

15 スプリングボック

大きさ 130cm

体重 18〜45kg　食性 草食

分類 鯨偶蹄目ウシ科スプリングボック属

人との比較

生息地マップ

アフリカ南部のサバンナや砂漠

オグロヌーが大移動するとき守っているルールって？

毎年、100万頭もの大群で、1500kmもの大移動をするオグロヌー。大冒険の旅に欠かせない仲間同士のルールがあるんだって。

ヒント①
近道はきらい？
一列になって歩いていますね。

ヒント②
先頭を見てみると…
列の前のほうを見てみると、別の動物がいるようです。

ヒント③
前のヌーを押している
川の前で行進が止まると、お母さんヌーが出てきて他のヌーを押します。

ヒゲじいの答え

ヌーはとても用心深い！ 危険な旅で生き残るため 群れで工夫するんですな

だれかの後について ひたすら前に進んでいく

季節ごとに雨の多い地域に移動するオグロヌー。日本の四国よりも広い平原を、子どもづれで1500km旅するため、とちゅうで力つきたり、肉食動物におそわれたりすることも。そのため用心深く、**大群で列を作って前の仲間について歩きます。**近道をして追い抜くものはいません。先頭はあぶないので、同じ草を食べるシマウマについて歩きます。川の前でみんなが立ち止まると、子ども連れのヌーが体力のある若いオスのヌーのお尻を押し、先に行かせるのです。

かたい草が
食べられないので、
若葉が多い地域を
めざして旅します

下アゴにしかない歯を使うために、地面に口を押し付けるようにします。

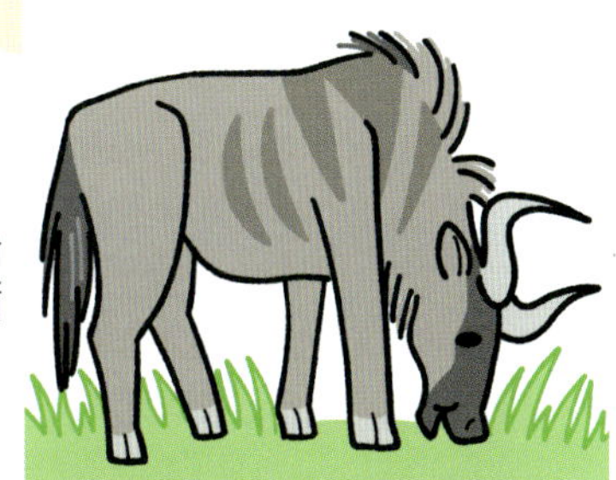

アニマルデータ

16 オグロヌー

大きさ　150〜240cm

体重　150〜200kg　食性　草食

分類　鯨偶蹄目ウシ科ヌー属

人との比較

生息地マップ

なぜ？なに？Q&A ㉙

インパラはどうしてそんなに大きくジャンプするの？

インパラは自分の身長よりも遥かに高く、遠くへジャンプすることができます。なぜそんなに高いジャンプが必要なのでしょうか？

ヒント①

インパラは林に住む

インパラは草原よりも食べ物の多い木のまばらな林で生活します。

ヒント②

スピードでは敵わない

スピードで上回るチーターやヒョウなどの天敵に追われると、走るだけでは追いつかれます。

ヒント③

四方八方に跳ぶ

群れでいるときに不意におそわれたときには、四方八方に跳んで逃げます。

ヒゲじいの答え

天敵である肉食獣から逃げるためにジャンプ力が必要なんです

障害物を跳び越えたり敵を惑わせて逃げのびる

インパラのジャンプ力は高さ2.5m、距離10mにも達します。インパラの住む林の中には倒れた木などの障害物が多く、**ジャンプで障害物をさければ、地上を走るしかないチーターなどの敵から逃げやすくなるのです。**

また、忍び寄ることが得意なヒョウやライオンに突然おそわれたときには、群れ全体でいろいろな方向に走ると同時にジャンプをします。相手はどれを追うか迷ってしまうので、その隙に逃げのびるのです。

立派なツノは他のオスと縄張りやメスを争うときに用います

けいかい能力の高さもインパラの武器です。群れで四方を見張り、鳴き声で群れ全体に伝えます。

アニマルデータ

17 インパラ

大きさ 110〜115cm
体重 40〜90kg　食性 草食
分類 鯨偶蹄目ウシ科インパラ属

人との比較

生息地マップ

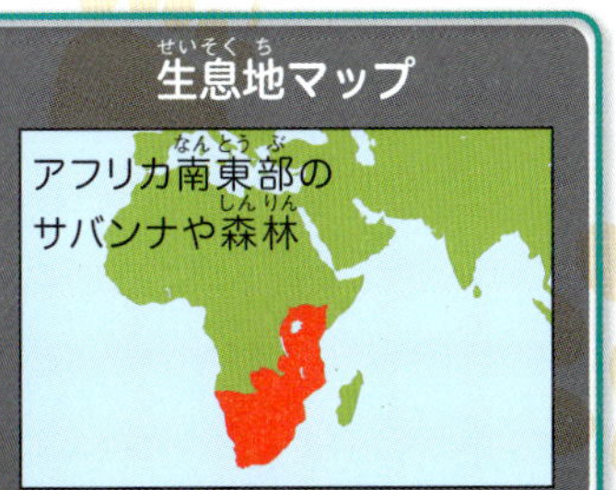

なぜ？なに？Q&A ㉚

トムソンガゼルが肉食獣から逃れるためにする技はなに？

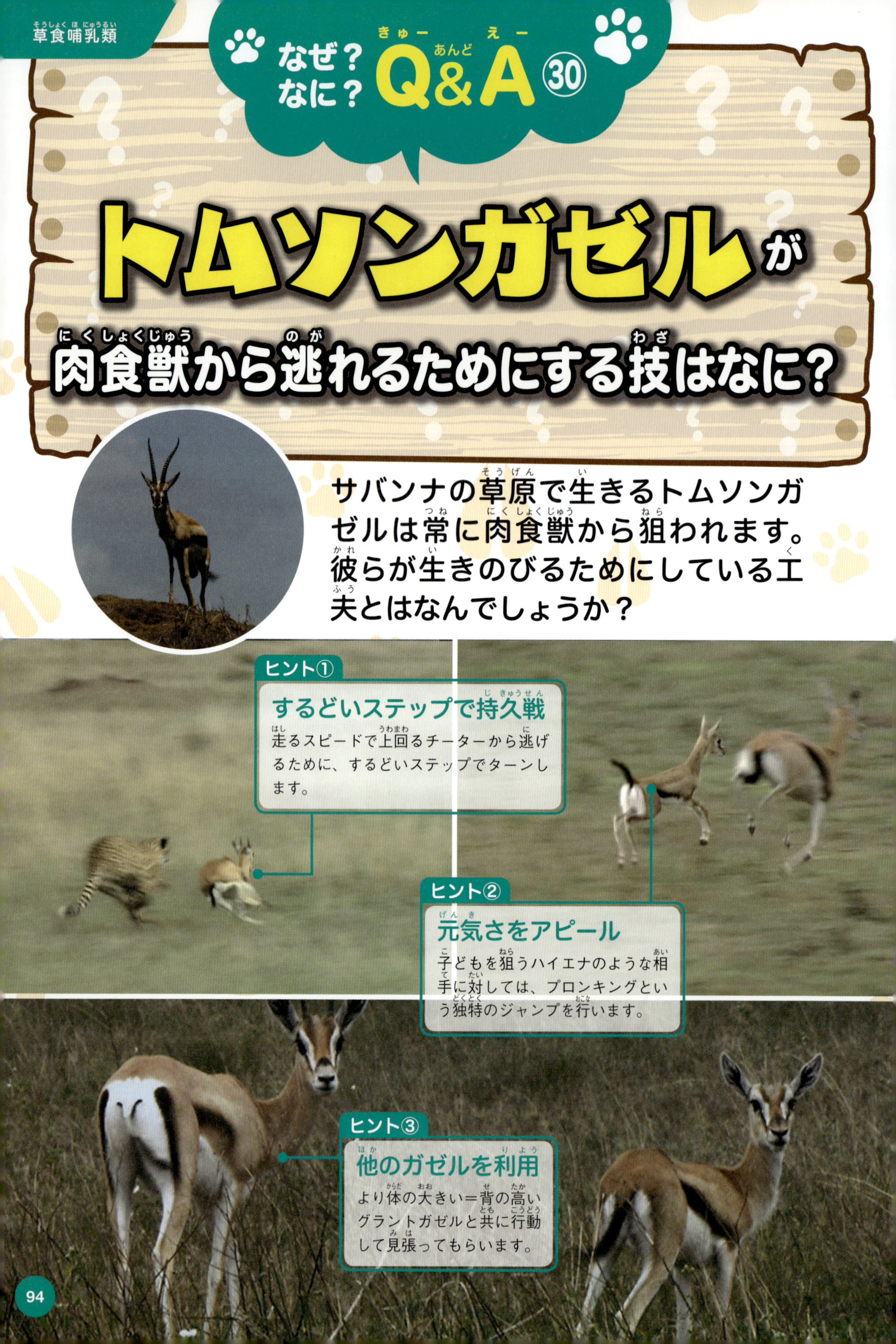

サバンナの草原で生きるトムソンガゼルは常に肉食獣から狙われます。彼らが生きのびるためにしている工夫とはなんでしょうか？

ヒント①

するどいステップで持久戦

走るスピードで上回るチーターから逃げるために、するどいステップでターンします。

ヒント②

元気さをアピール

子どもを狙うハイエナのような相手に対しては、プロンキングという独特のジャンプを行います。

ヒント③

他のガゼルを利用

より体の大きい＝背の高いグラントガゼルと共に行動して見張ってもらいます。

ヒゲじいの答え

するどいステップや独特のジャンプで敵を見つけて逃げるんですぞ

敵に応じて繰り出される軽快なステップやジャンプ

群れで行動して早期発見するのはインパラと同様。さらに、チーターのような足の速い相手には、**追いつかれる寸前に急角度のターンを繰り返す**ことで、スタミナ切れを待って逃走します。また、ハイエナのような相手には、プロンキング（4本足をすべて地面から離すジャンプ）で**元気さをアピールして諦めさせる**というテクニックも。さらに、自分より背が高くけいかい心が強いグラントガゼルを群れに入れ、「見張り番」のように敵をいち早く見つけてもらう作戦もあるのです。

まずは群れで
早期発見！

白いお腹に黒いラインと白いお尻に動き続ける黒いしっぽは、群れからはぐれないように、工夫。

アニマルデータ

18 トムソンガゼル

大きさ 90～110cm
体重 16～25kg　食性 草食
分類 鯨偶蹄目ウシ科ガゼル属

人との比較

生息地マップ

ケニアなど
アフリカ東部の
サバンナや草原

なぜ？なに？Q&A ㉛

なぜクリップスプリンガーは険しい岩山に住んでいるの？

小型の鹿のようなクリップスプリンガーは岩山に住んでいます。どうしてこんな険しい場所に住み、どんな工夫をしているのでしょうか？

ヒント①

つま先立ちのようなヒヅメ

ヒヅメの形はつま先立ちしているかのように細くなっています。

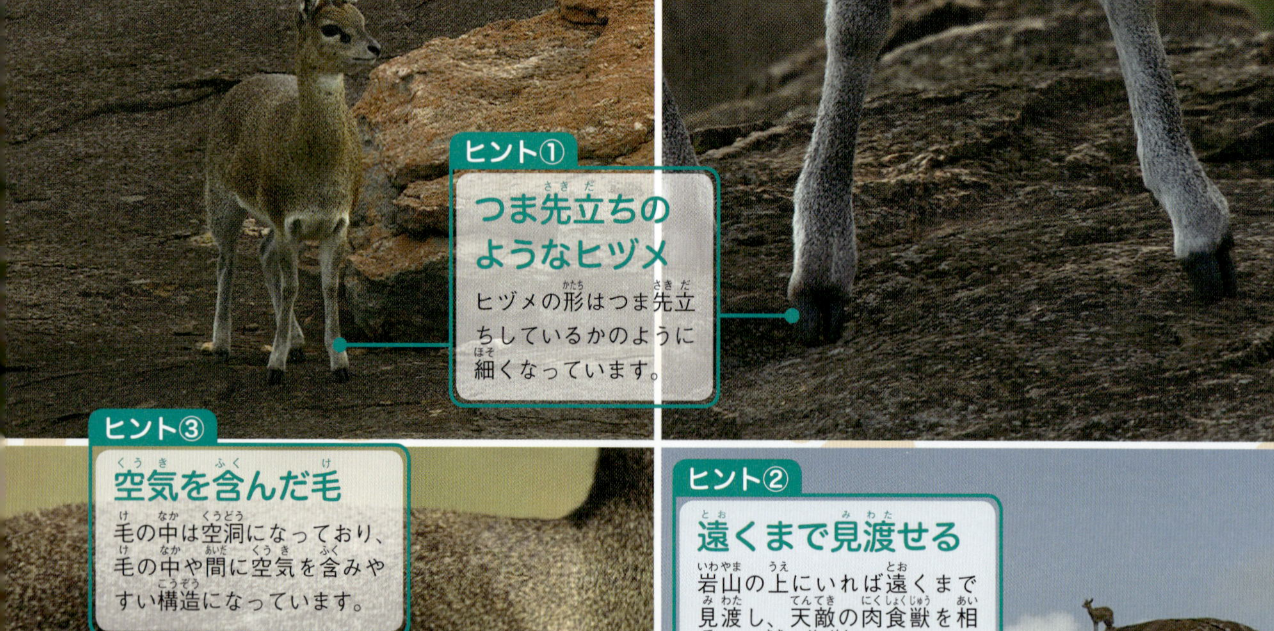

ヒント③

空気を含んだ毛

毛の中は空洞になっており、毛の中や間に空気を含みやすい構造になっています。

ヒント②

遠くまで見渡せる

岩山の上にいれば遠くまで見渡し、天敵の肉食獣を相手より先に発見できます。

ヒゲじいの答え

独特な形のヒヅメで岩山でも自由に動けるようになっていますぞ

ヒヅメも体毛も岩の上での生活に特化

クリップスプリンガーが岩山に住む理由は、なにより**高台から見渡すことで敵を発見し、生きのびるためなのです。**尖ったヒヅメは岩山に特化し、滑りやすい岩の上でも自由に走ったり、垂直に近い斜面を自由に登ったりできます。

また、食事の時間以外は１日中岩山の上で見張りをして過ごすクリップスプリンガーの体毛は、空気を保持しやすい作りになっているため、サバンナの直射日光を受け続けても体温が上がりすぎないようになっています。

岩山を時速 100km で走るといわれる。追いつける肉食獣はいない

岩山の凹凸の上にしっかりと乗れる。

アニマルデータ

19 クリップスプリンガー

大きさ 75〜115cm

体重 10〜18kg　食性 草食

分類 鯨偶蹄目ウシ科クリップスプリンガー属

人との比較

生息地マップ

サハラ砂漠より南のサバンナや岩場

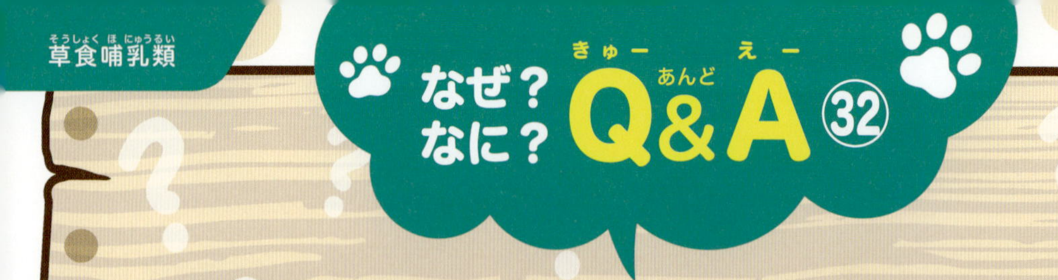

水が少なくなったときカバはどうやって生きのびるの？

いつも水中にいるカバはとても乾燥に弱い動物です。しかし、乾季に水が減ってしまった水場にいるカバたちはどうしているのでしょうか。

ヒント①

器用に動くしっぽ

カバのしっぽは小さいながら器用に動き、いろいろなことができます。

ヒント②

特別な汗

いざというときには日光を防ぐ特別な汗を出すことでヒフを乾燥から守っています。

ヒント③

他の水場へ移動

いよいよ水がなくなると他の水場を求めて大移動します。群れの一部のメスや子どもが追い出されることも。

しっぽや汗を利用して**体を乾燥させない**ようにしているんですな

最後の手段は新しい水場を求めて大移動を開始

カバの体はヒフが薄く、すぐに乾燥するため、日中は常に水中にいて、夜間に食べものを食べる生活を繰り返しています。乾季は少ない水場にぎっしりと集まり、**乾燥を防ぐために小さいしっぽで背中に水をかけたり、薄い膜になって紫外線や乾燥を防ぐピンクの汗（正確には汗とはちがう液体）を分泌したりします。**いよいよ水場が不足すると、他の水場を求めて移動。なるべく木のかげを移動しますが、乾燥や肉食獣におそわれる危険もあり、命がけの移動になるのです。

カバのヒフはとても薄いので、直射日光を受けると人間の3倍早く乾燥してしまいます。

アニマルデータ

20 カバ

大きさ 350〜420cm

体重 1500〜3000kg　食性 草食

分類 鯨偶蹄目カバ科カバ属

人との比較

生息地マップ

ストローオオコウモリはなぜ空を飛べるようになったの？

哺乳類の中で唯一翼を羽ばたかせて空を自由に飛ぶことができるのがコウモリ。鳥でもないのに、どうして空を飛ぶことができるのだろう？

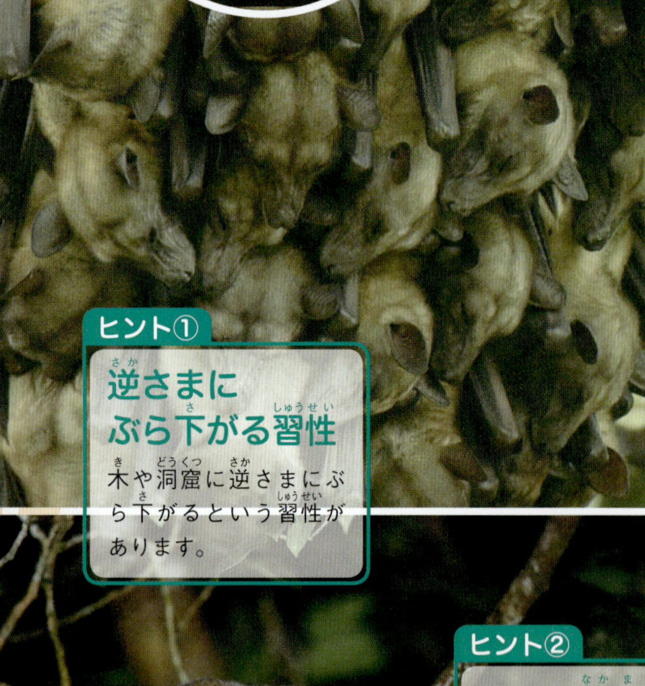

ヒント①

逆さまにぶら下がる習性

木や洞窟に逆さまにぶら下がるという習性があります。

ヒント②

サルの仲間にもヒントが？

スローロリスは後ろ足で木につかまり、前足で獲物を捕まえます。

ヒント③

翼は実は前足

翼をよく見ると、長い指の間に膜が張っていることがわかります。

ヒゲじいの答え

前足がとても発達して空を飛べるようになったんですぞ

前足が自由になったことで大きな進化を果たした

コウモリがなぜ空を飛べるようになったか、こんな説があります。
もともと、逆さまにぶら下がる生活をしていたコウモリの祖先。4本足で歩く動物とはちがって、後ろ足で体を支えることができました。そのため、自由になった前足で獲物を捕まえることができるようになったのです。
やがて、**獲物を確実に捕えるために前足が大きく発達し、指の間に膜が張って、いつしか翼へ変化した**とも考えられるのです。

発達した胸の筋肉で自分の体を浮かせ、長時間飛べるのです

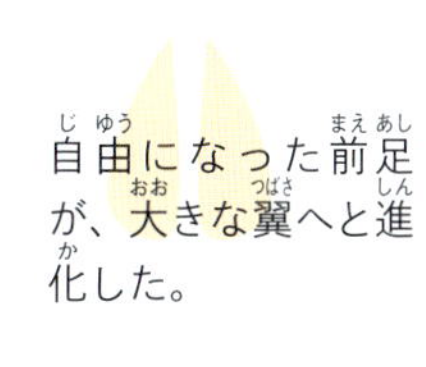

Before
After

自由になった前足が、大きな翼へと進化した。

アニマルデータ

21 ストローオオコウモリ

大きさ 14～21.5cm
体重 230～350g　食性 草食
分類 翼手目オオコウモリ科ストローオオコウモリ属

人との比較

生息地マップ

サハラ砂漠以南の熱帯雨林・森林、マダガスカル島

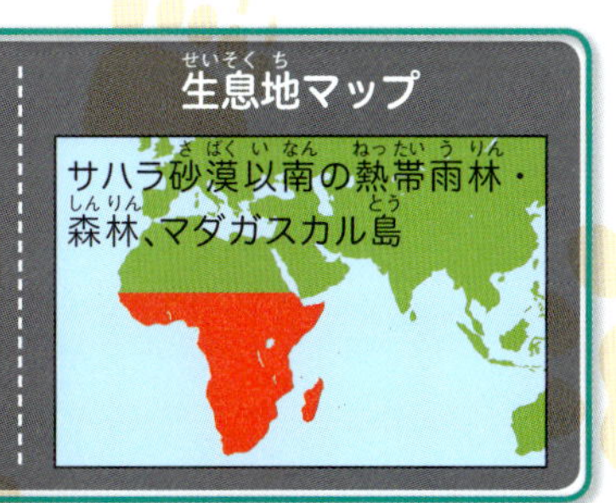

なぜ？なに？Q&A 34

サバンナの岩山に暮らす ハイラックスの工夫とは？

サバンナに点在する岩山で暮らすハイラックスは、足の先端や体の内部に岩山での生活に特化したさまざまな体のしくみを持っています。

ヒント①

省エネボディ

わずかな食事でも平気。そのぶん寒さには弱いため、日光をあびて体を温めてから行動します。

ヒント②

岩の隙間を測定

体中に生えた長い毛で、身体がちょうど収まる岩の隙間の幅を測定できます。

ヒント③

足の裏がピッタリ

ハイラックスの足の裏はやわらかく、岩にピッタリくっつきます。

ヒゲじいの答え

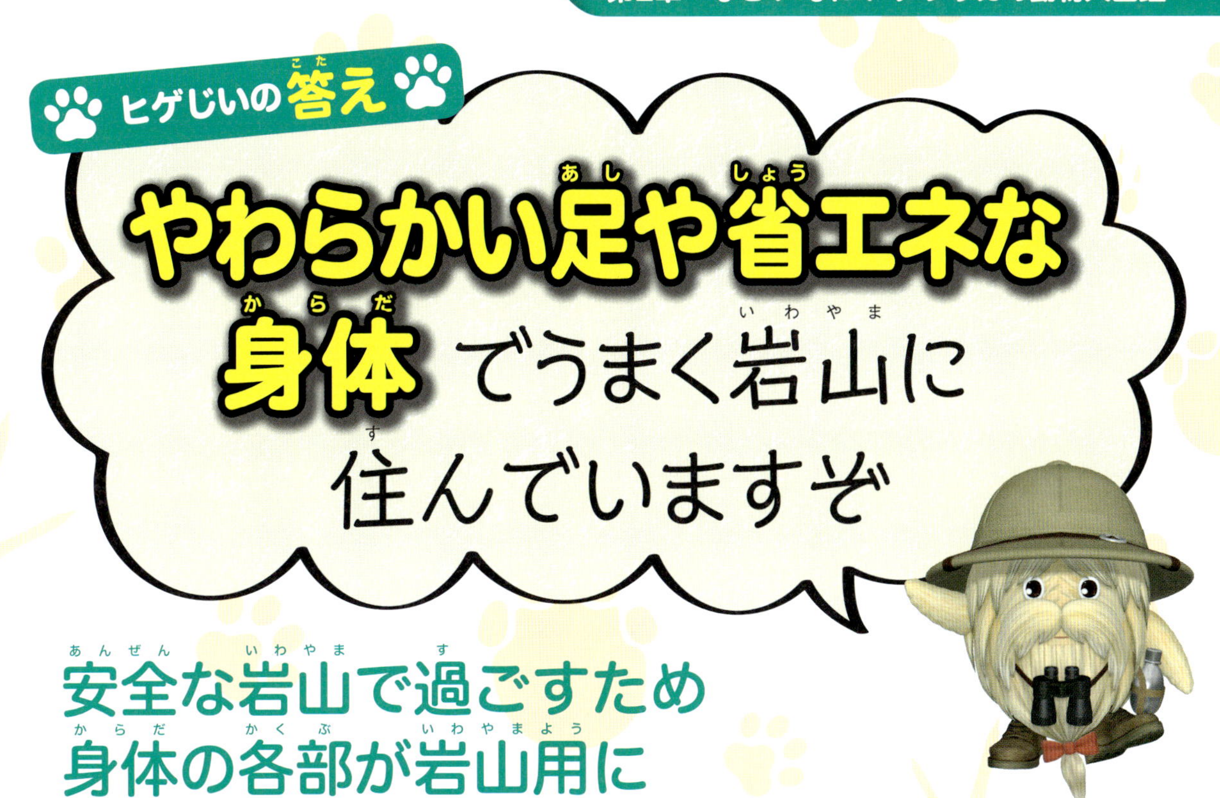

やわらかい足や省エネな身体でうまく岩山に住んでいますぞ

安全な岩山で過ごすため身体の各部が岩山用に

ハイラックスが岩山に住む大きな理由は、天敵のワシから身を守れる岩の隙間がたくさんあること。**高い岩壁も登れる足によって岩山のどこでも自由に移動し、眠るときも身体がピッタリと収まる岩の隙間に挟まって眠るほどなのです。**

エネルギー消費の少ない体も役立ち、1日に食べる草の量はおよそ400gと、同じ体重のウサギの半分。その分体温調整が苦手ですが、安全な岩山の上で日光浴したり、穴の奥で涼んだりして体温を保っています。

食事中に
おそわれたら
急いで岩山に！

ハイラックスは足の裏の汗腺によって適度な湿り気を維持し、より滑りにくく岩にピッタリとくっつきます。

アニマルデータ

22 ハイラックス

大きさ 30〜60cm

体重 1.3〜5.4kg　食性 草食

分類 イワダヌキ目ハイラックス科

人との比較

生息地マップ

アラビア半島や
アフリカ南部の岩場など

ワオキツネザルはなぜ群れから追い出されることがあるの？

ワオキツネザルはときどき群れから仲間が追い出されることがあるというけど、どうして追い出されてしまうのだろう？

ヒント①

縄張り＝食べものの確保

ワオキツネザルが食べものを手に入れるには、自分たちの縄張りを持つことが必要になります。

ヒント②

森はすべてだれかの縄張り

森は、すべてどこかのワオキツネザルの群れの縄張りです。

ヒント③

群れが大きくなると……

縄張りの中で確保できる食べものには限りがあるので、食べものが不足します。

ヒゲじいの答え

縄張りの食べ物をより近しい家族で分けあうためですぞ

群れの数が増えすぎると血縁の薄いサルは追い出される

マダガスカル島南部の森に生息するワオキツネザルは、群れを作って生活しています。しかし、**縄張りの食べものには限りがあるので、数が多くなると、血のつながりが薄い仲間は群れから追い出されてしまいます。**追い出されたワオキツネザルは他の群れの縄張りに侵入して食べものを得るしかありません。当然、その縄張りのサルからは攻撃されてしまいます。放浪状態のワオキツネザルが安心して食べものを取るには、その群れと戦い、自分の縄張りを確保する必要があります。

戦って勝利すれば縄張りを獲得できます

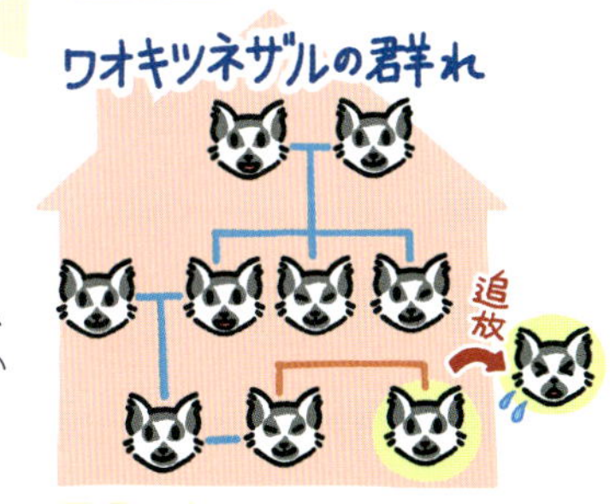

血縁の薄いサルは、追い出されてしまいます。

23 ワオキツネザル

大きさ 39〜46cm

体重 2.3〜3.5kg　食性 草食

分類 霊長目キツネザル科ワオキツネザル属

人との比較

生息地マップ

針のような岩山でカンムリキツネザルはどうやって暮らしているの？

カンムリキツネザルはマダガスカル島北部にある険しい岩山「ツィンギ」に生息しています。針のような岩山でなぜ、どうやって暮らしているのでしょうか？

ヒント①

ヒフの分厚い手足

カンムリキツネザルの手足は分厚いヒフに覆われています。

ヒント②

谷間に森が点在

ツィンギの地下には水が蓄えられ、谷間にはそれによってできた森が点在しています。

ヒント③

ものすごいジャンプ力

自分の体長の10倍も跳べるジャンプ力を持っています。

ヒゲじいの答え

分厚い手足とものすごいジャンプ力で食事場所の森から森へ移動しますぞ

岩山の生活に適した手足で森から森へ針山を移動

カンムリキツネザルの手と足のヒフはとても厚く、尖った岩の上でも平気で歩くことができます。自分の体重の何倍もの重さがかかるジャンプからの着地でも、**めったにケガをしないほど強い手足を持っています。**そのジャンプ力もものすごく、体の長さの10倍ほどの距離でも、助走なしで飛び越えてしまいます。カンムリキツネザルはこれらの能力を使って、ライバルが少ないツィンギの谷間に点在する森から森へ移動し、木の実などを食べて生活しているのです。

岩山の隙間で天敵を回避！

手足の分厚いヒフは、革の靴やグローブをはいているようなものです。

アニマルデータ

24 カンムリキツネザル

大きさ 32〜37cm

体重 約1.5kg　食性 草食

分類 サル目キツネザル科キツネザル属

人との比較

生息地マップ

マダガスカル島の岩山

なぜ？なに？Q&A 37

ベローシファカはなぜトゲだらけの木に登れるの？

トゲがたくさん生えている木から木へとジャンプするベローシファカ。どうしてトゲにつかまっても平気なんだろう？

ヒント①

ジャンプするようすを見てみよう

トゲだらけの木に飛びうつっても平気なようですね。

ヒント③

足のうらを見てみよう

ベローシファカの足のうらの肉球が、厚く発達しています。

ヒント②

花を食べるようすにも注目！

トゲに顔を近づけても、いたくないようです。

ヒゲじいの答え

足のうらの肉球が**分厚くなっている**のでトゲも平気なんですな

強い脚力と厚い足のうらで、トゲのある木へと跳びうつる

ベローシファカが暮らしているのは、マダガスカル島で最も乾燥した、トゲだらけの植物が生えているところです。ベローシファカがおもに食べているのは、トゲのある植物の葉や花などです。**トゲのある木にいれば、敵はおそってくることができないので、**ゆっくりと食事ができます。そのためベローシファカの足のうらは厚く発達し、トゲが刺さってもだいじょうぶになったのです。ベローシファカが地上を移動するときは、２本足で立ち、横跳びをすることでも知られています。

後ろ足の力が強く、ジャンプが得意。いつも２本足で移動する霊長類は、人間とベローシファカだけ。

アニマルデータ

25 ベローシファカ

大きさ 40〜50cm
体重 3.5〜4.5kg　食性 草食
分類 霊長目インドリ科シファカ属

人との比較

生息地マップ

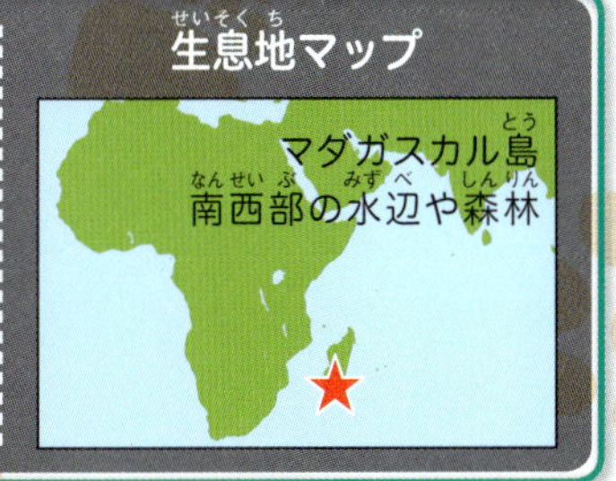

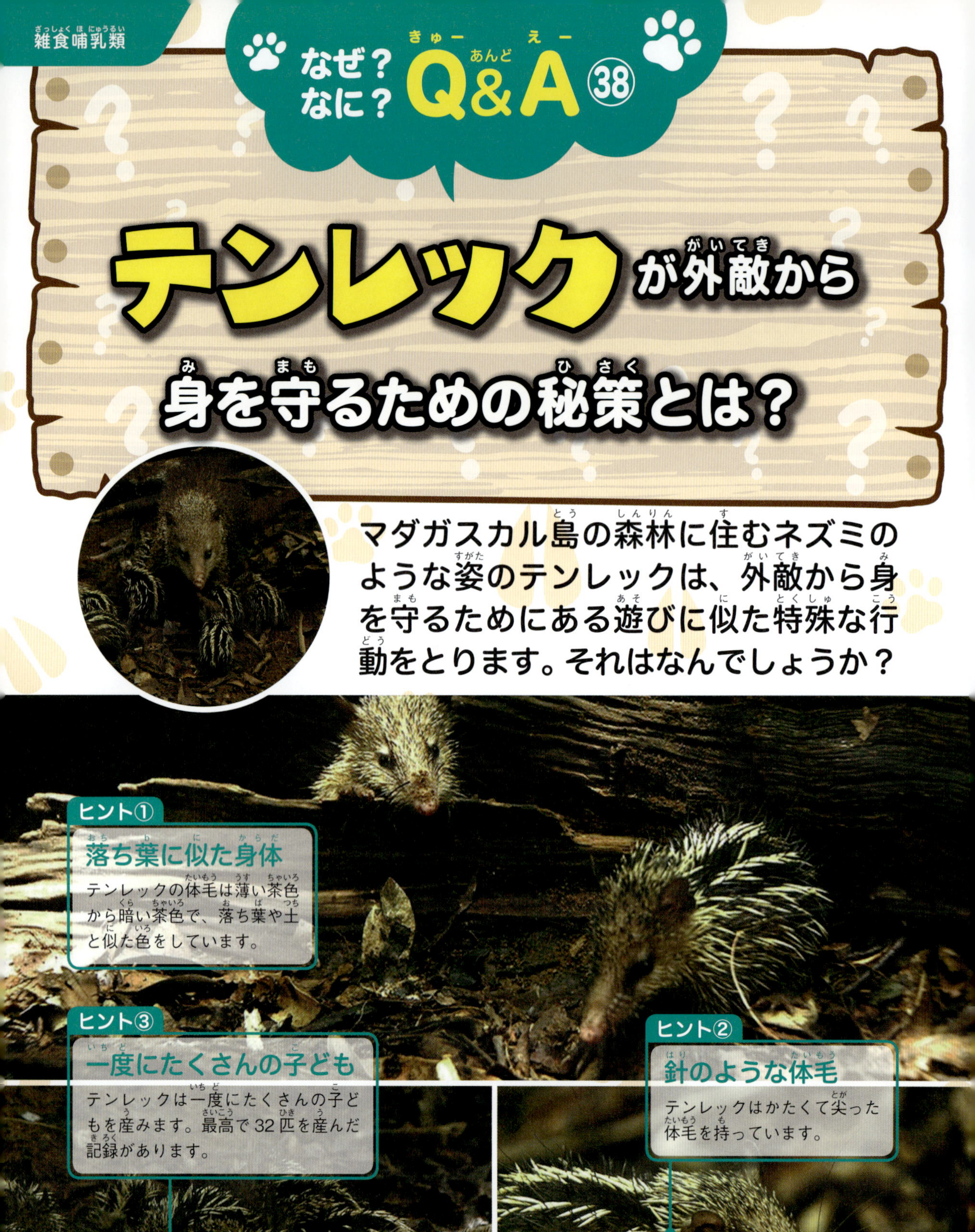

なぜ？なに？Q&A ㊳

テンレックが外敵から身を守るための秘策とは？

マダガスカル島の森林に住むネズミのような姿のテンレックは、外敵から身を守るためにある遊びに似た特殊な行動をとります。それはなんでしょうか？

ヒント①

落ち葉に似た身体

テンレックの体毛は薄い茶色から暗い茶色で、落ち葉や土と似た色をしています。

ヒント③

一度にたくさんの子ども

テンレックは一度にたくさんの子どもを産みます。最高で32匹を産んだ記録があります。

ヒント②

針のような体毛

テンレックはかたくて尖った体毛を持っています。

ヒゲじいの答え

「だるまさんがころんだ」のように、みんなでいっせいに**動きを止める**んです

完全に動きを止めることで周りの風景に同化する

マダガスカル島に住むテンレックは、独自の進化をとげためずらしい生き物です。体長30cmほどとそんなに大きくはありませんが、ある特技があります。それが、**「だるまさんがころんだ」のように、いっせいに動きをピタッと止めて身を守る方法。**何十匹もの一家で移動していても、敵の気配を感じると同時に動きを止めて、地面や木、落ち葉に同化することで敵をやりすごします。ただし赤外線＝体温を検知するヘビには効果がなく、逃げるしかないのです。

枯木の上でもだるまさんがころんだ

テンレックの体毛は針のように尖っていて、揺らして音を鳴らし、危険を知らせるためにも使います。

アニマルデータ

26 テンレック

大きさ 26〜39cm

体重 1.6〜2.4kg　食性 雑食

分類 テンレック目テンレック科テンレック属

人との比較

生息地マップ

なぜ？なに？Q&A 39

アフリカタテガミヤマアラシの針はどのくらいすごいの？

全身を覆う針が特ちょうのヤマアラシですが、針はもともとは体毛にすぎません。敵を追い払うヤマアラシの針の威力はどれほどなのでしょうか？

ヒント①
かたさ
ヤマアラシの針は非常にかたく、アルミ缶を貫いてしまうほどです。

ヒント②
敵に大ダメージを与える構造
ヤマアラシの針は敵に刺さると抜け、しかも先が割れて大きなダメージを与えます。

ヒント③
音でいかく
尾の部分の体毛は針でなく筒状になっているので、振ることで大きな音を鳴らせます。

とてもかたくてするどい針で**敵に大きなダメージ**を与えられますぞ

針攻撃といかくで敵を近寄らせないで生きのびる

ヤマアラシは針のように尖った体毛で身を守っています。敵におそわれると身体の後部を敵に向けたり、積極的に突き刺すことで攻撃。針は刺さるときに先が砕けてそのものが抜きにくいのはもちろん、破片が残ってキズがひどくなる危険もあります。こうして、**ヤマアラシをおそうと大きなダメージを受けてしまうことを敵にわからせて身を守るのです。**さらに、針を大きく広げたり、しっぽで大きな音を鳴らしていかくし、戦わずして敵を追い払う手段も持っているのです。

頭部は無防備…
囲まれると
弱いのです

弱点の頭部は、他のヤマアラシと集まることでカバーできます。

アニマルデータ

27 アフリカタテガミヤマアラシ

大きさ 60〜90cm
体重 15〜25kg　**食性** 草食（雑食）
分類 齧歯目ヤマアラシ科ヤマアラシ属

人との比較

生息地マップ

砂漠を除いたアフリカ北部のサバンナやステップなど

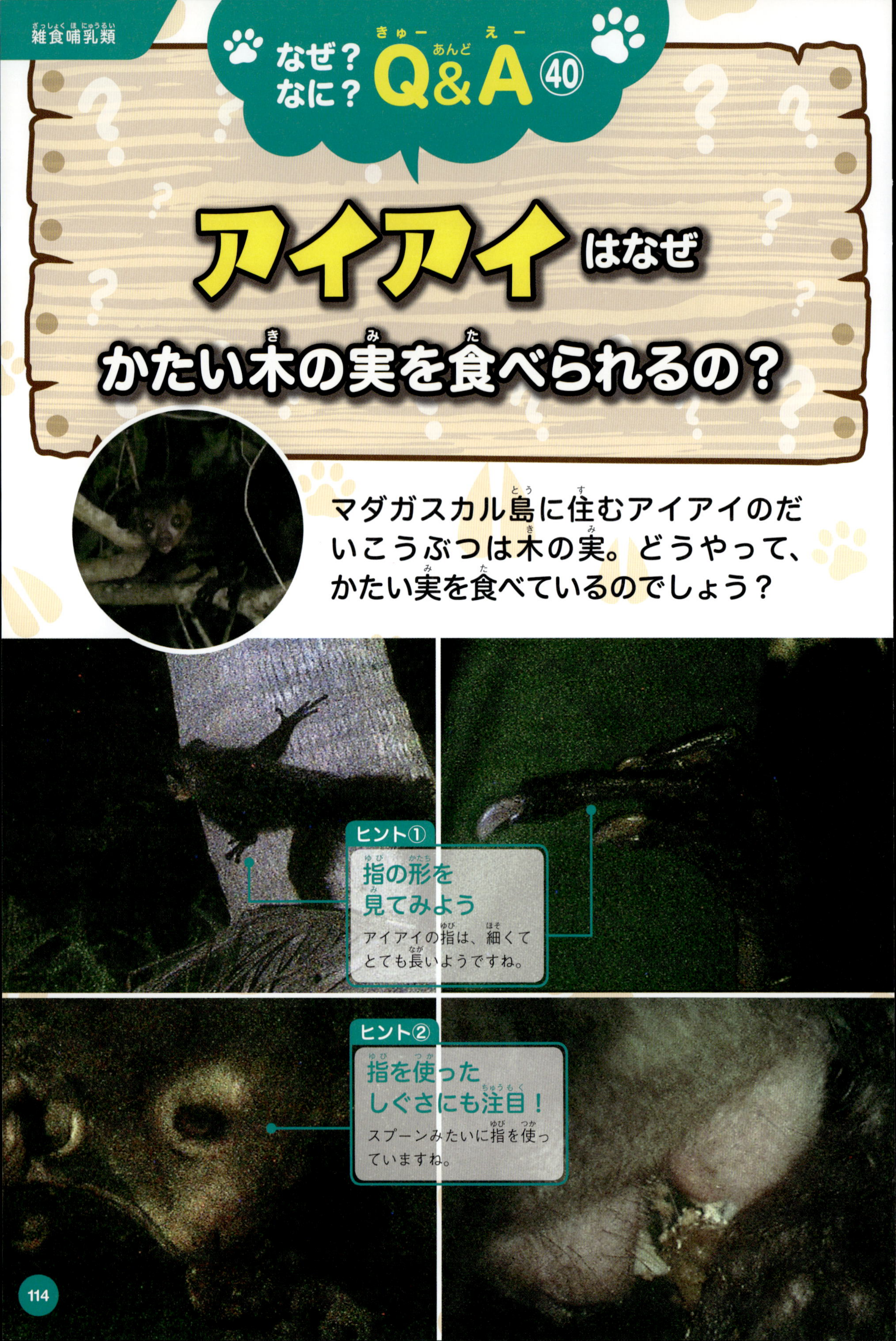

なぜ？なに？Q&A ㊵

アイアイはなぜかたい木の実を食べられるの？

マダガスカル島に住むアイアイのだいこうぶつは木の実。どうやって、かたい実を食べているのでしょう？

ヒント①

指の形を見てみよう

アイアイの指は、細くてとても長いようですね。

ヒント②

指を使ったしぐさにも注目！

スプーンみたいに指を使っていますね。

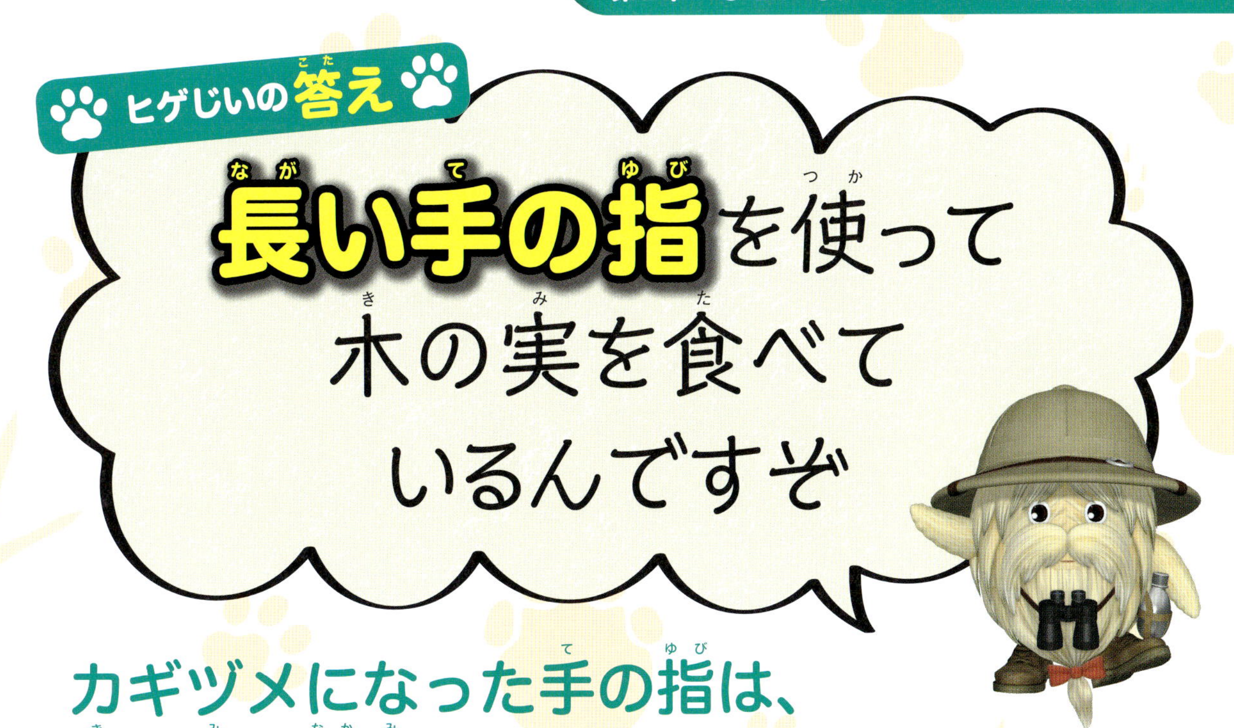
ヒゲじいの答え
長い手の指を使って
木の実を食べて
いるんですぞ

カギヅメになった手の指は、木の実の中身をかきだすのにピッタリ

ふさふさした長いしっぽ、丸い大きな目、するどい前歯、細長い指。おサルさんとは思えないような姿をしたアイアイですが、だいこうぶつは、マダガスカル島に生えている木の実や、木の幹の中にいる昆虫です。**かたい木の実は、ビーバーのような前歯を使って木の実に穴をあけ、細長い中指をスプーンのように使って中身をかきだして食べます。**木の中の昆虫を食べるときは、木の幹を指でたたいて空洞のある場所を見つけ、中に虫がいないか、さぐったりします。

するどい前歯で
木の実に穴を
あけます

大きな目、コウモリのような耳、するどい前歯、針金のような細い指が特ちょう。

アニマルデータ

28 アイアイ

大きさ 30〜45cm
体重 2〜3kg　食性 雑食
分類 霊長目アイアイ科アイアイ属

人との比較

生息地マップ
マダガスカル島の熱帯雨林

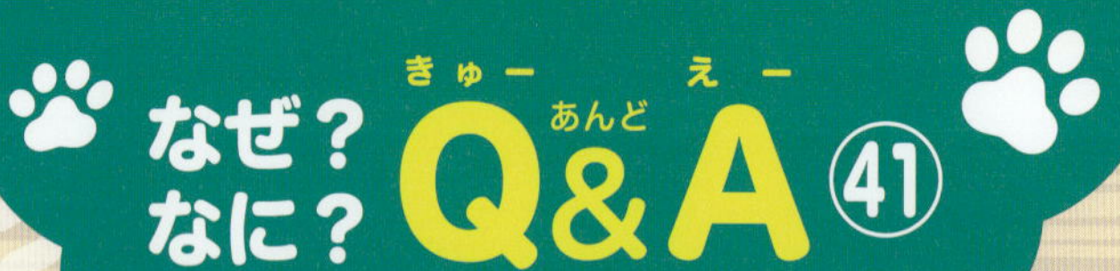

イボイノシシはなぜライオンから逃げられるの？

イボイノシシは、ライオンにおそわれても、走って逃げたり立ち向かったりします。どうしてそんなことができるのでしょう？

ヒント①

頭の形を見てみよう

アゴには、キバがあり、上アゴのキバは長く、曲がっていますね。

ヒント②

体の形にも注目！

首が短く、足が長くて筋肉質。最高時速55km で走ることができます。

ヒゲじいの答え

猛スピードで逃げたり相手に突進して追い払うんですぞ

するどいキバとスピードでライオンが相手でも立ち向かう

イボイノシシは、ふつうの**イノシシより小型でスマート、足が長くて筋肉質な体つきをしています。**ライオンやチーターなどの肉食獣におそわれると、家族でいっしょに、最高時速55kmというスピードで逃げます。イボイノシシは、この速さで1kmも走ることができるので、ライオンは追いつけません。もし追いつかれても、するどいキバをむいて敵に向かって突進し、追い払ってしまいます。イボイノシシは、ライオンなどの肉食獣にも負けない動物なのです。

追いつかれても、逆襲します

名前の由来は、顔にある6つのイボ。体つきはイノシシより小さく筋肉質。

アニマルデータ

29 **イボイノシシ**

大きさ 150〜190cm
体重 50〜150kg　食性 雑食
分類 鯨偶蹄目イノシシ科イボイノシシ属

人との比較

生息地マップ

サハラ砂漠より南の森林や草原

なぜ？なに？Q&A ㊷

ショウガラゴはなぜ5mもジャンプできるの？

アフリカでいちばん小さなサルのショウガラゴ。そんな小さな体で、どうして5mもジャンプすることができるんだろう？

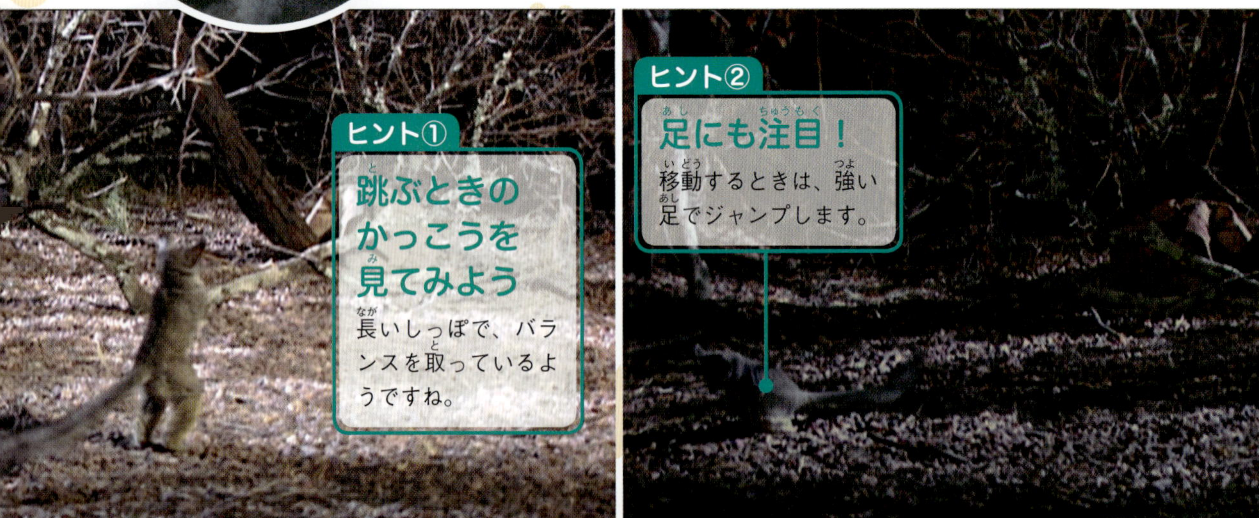

ヒント①
跳ぶときのかっこうを見てみよう
長いしっぽで、バランスを取っているようですね。
ヒント②
足にも注目！
移動するときは、強い足でジャンプします。

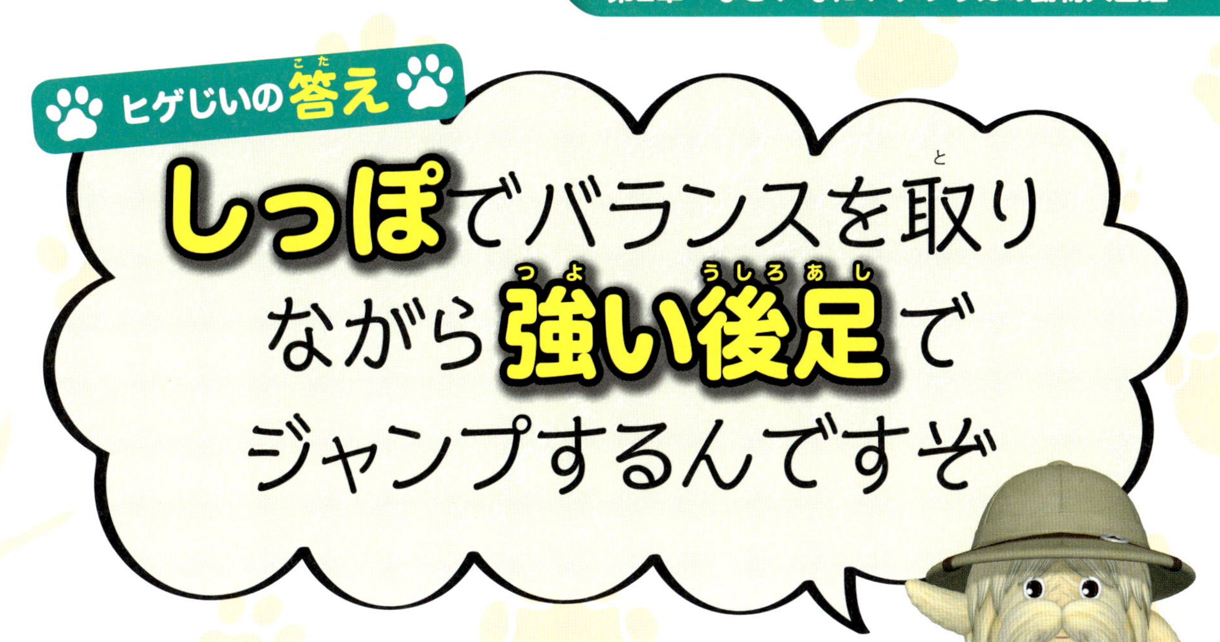

ヒゲじいの答え
しっぽでバランスを取りながら強い後足でジャンプするんですぞ

5mもジャンプするアフリカの小さな忍者

ショウガラゴは、サバンナのやぶの中で暮らしていますが、高い木の枝からとなりの木へ、木から地上へと、いつもジャンプして移動します。草原におりてくると、忍者のようにすばやく垂直にジャンプして、バッタなどを捕まえて食べています。思いきりジャンプすると、その距離は5mにもなり、これは人間だと、25mを超える長さです。ショウガラゴがこんなに長い距離をジャンプできるのは、**強い後足と、バランスを保つ長いしっぽを持っているからなのです。**

ライオンなどの肉食獣が多いサバンナで生き抜くために、ジャンプが上手になりました。

アニマルデータ

30 ショウガラゴ

大きさ 15〜17cm

体重 200〜300g　食性 雑食

分類 霊長目ガラゴ科ガラゴ属

人との比較

生息地マップ

なぜ？なに？Q&A ㊸

アカハネジネズミはなぜ道路を作るの？

自分専用の長い道路を作って暮らしているアカハネジネズミ。全長100mにもなる道路を、どうして作るのでしょう？

ヒント①

道路のそうじに注目！

道路を毎日、いっしょうけんめいそうじしているようですね。

ヒント②

天敵から逃げるとき、どこを走っている？

天敵におそわれると、アカハネジネズミは自分で作った道路を猛ダッシュで逃げます。

ヒント③

走るコースを見てみよう！

アカハネジネズミは分かれ道を急カーブ！追ってきた敵を振り切ってしまいました。

ヒゲじいの答え

敵におそわれたとき自分で作った道路を**走って逃げるため**ですぞ

複雑な道路をフル活用して身を守るアカハネジネズミ

長い鼻、大きな目をしたアカハネジネズミが生息しているのは、アフリカ・ケニアのサバンナ。そこでアカハネジネズミは、草を刈ってはば10cmほどの迷路のような道路を作り、暮らします。道路の長さは、100m以上にもなりますが、毎日そうじをかかしません。それは、オオトカゲなどの天敵におそわれたとき、**サバンナにはりめぐらされた道路が、逃げ道になるからです。**直線道路、急カーブ、丁字路、トンネル……自分で作った複雑な道路をフル活用して、身を守るのです。

姿はネズミに似ていますが、鼻が細長く尖っていて、ネズミよりもゾウに近い珍獣です。

アニマルデータ

31 アカハネジネズミ

大きさ 10〜30cm
体重 50〜500g　食性 雑食
分類 ハネジネズミ目ハネジネズミ科

人との比較

生息地マップ

なぜ？なに？Q&A 44

バーバリーマカクはなぜオスが子守をするの？

北アフリカ・モロッコの山で暮らしているサル、バーバリーマカクは、どうしてオスが子育てをしているのだろう？

ヒント①

子守りのようすは

オスたちは競いあって子守をしているようですね。

ヒント②

食べものにも注目！

草や植物の根、木の皮を食べています。

きびしい環境の中 オスたちは子守で力を競うのですぞ

みんな仲よく、争いごとをせずオスが子守をするサル

バーバリーマカクは、モロッコの雪山で暮らすニホンザルそっくりのサル。アトラススギという針葉樹の森に住んでいるので、食べものは草や植物の根、木の皮などしかありません。

自分の子どもでなくても、赤ちゃんの世話をしています

そんなきびしい環境の中で、バーバリーマカクは争いごとにむだなエネルギーを使いたくはありません。**オスたちは、歯をカタカタ鳴らしながらいっしょうけんめい子守をすることで、メスの信頼を得ようとします。争うことなく競っているのですね。**

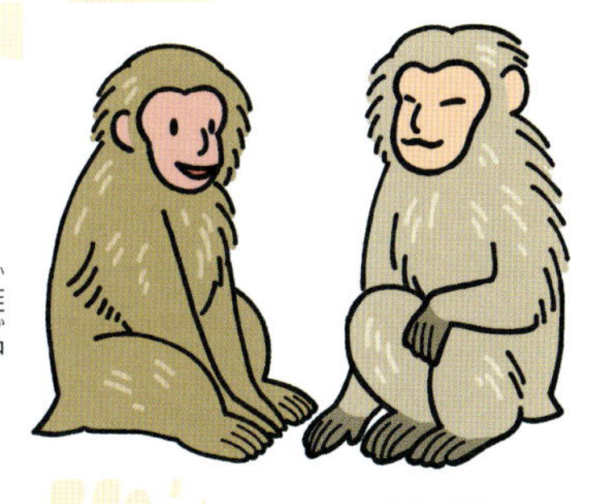

アジア以外にいる唯一のニホンザルの仲間です。

アニマルデータ

32 バーバリーマカク

大きさ　55～65cm
体重　10～16kg　食性　雑食
分類　霊長目オナガザル科マカク属

人との比較

生息地マップ

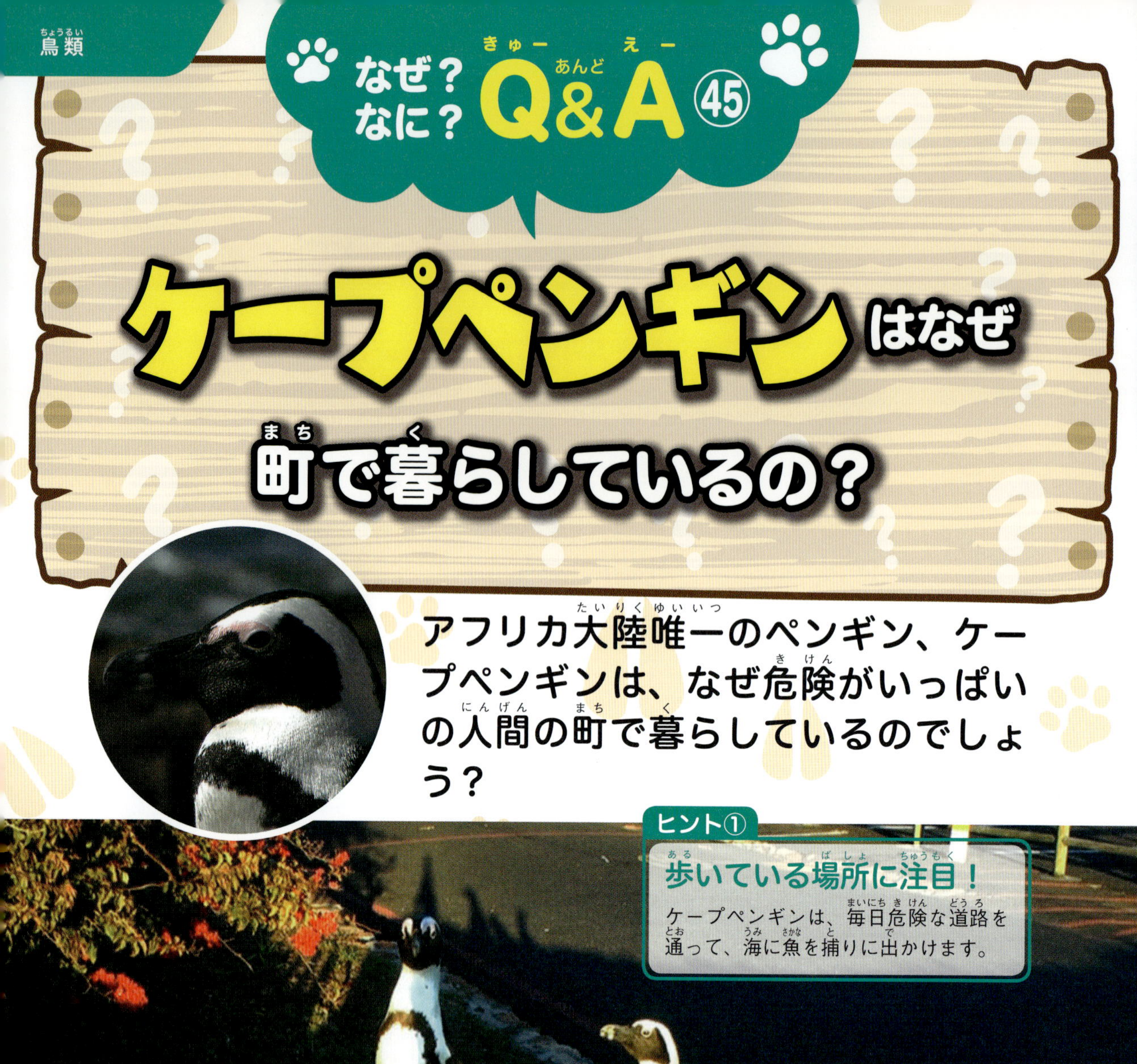

なぜ？なに？Q&A ㊺

ケープペンギンはなぜ町で暮らしているの？

アフリカ大陸唯一のペンギン、ケープペンギンは、なぜ危険がいっぱいの人間の町で暮らしているのでしょう？

ヒント①

歩いている場所に注目！

ケープペンギンは、毎日危険な道路を通って、海に魚を捕りに出かけます。

ヒント③

海岸に巣を作ると、どうなる？

海岸の気温は30℃以上。熱すぎて、卵やヒナをほうって死なせてしまうことも。

ヒント②

巣はどこにあるかな？

ケープペンギンの巣は、住宅地の植え込みの中にありました。中にはペンギンの子どもがいますね。

人間といっしょに町に住んで子どもを育てているペンギン

ケープペンギンの中には、ロッジのキッチン横、交通量の多い道路脇など、人間が住む町に巣を作るものがたくさんいます。もともと別の場所にいましたが、船の事故で海が汚染されたため、移り住んできたのです。ペンギンたちは毎日道路を通って、海に魚を捕りに出かけ、巣に戻ると魚をヒナたちに与えます。本当は巣が海の近くにあるほうが便利なのですが、浜辺は気温が高く、日光も強いので、**より過ごしやすい場所を求めて、だんだん人間の町に住むようになった**のです。

人間がいる中でも、平気で横切っていきます

町の中は危険がいっぱい。それでも気にせず、毎日、海に向かいます。

アニマルデータ
33 ケープペンギン
大きさ 50〜68cm
体重 2.5〜4kg
食性 魚食
分類 ペンギン目ペンギン科フンボルトペンギン属
人との比較
生息地マップ
南アフリカの沿岸部

なぜ？なに？Q&A ㊻

モモイロペリカンはなぜアレル島に集まるの？

サハラ砂漠の西岸沖合にあるアレル島。そこにモモイロペリカンをはじめとする鳥が、なぜ700万羽も集まっているのだろう？

ヒント①

集まっている鳥を見てみよう

ペリカンのほかに、カワウ、フラミンゴ、ヘラサギなどたくさんの種類の鳥がいますね。

ヒント②

子育てにも注目！

アレル島はアフリカでただひとつのモモイロペリカンの生息地です。

ヒント③

なにを食べているのかな？

潮が引いて浅くなった海で、ペリカンはくちばしを広げ、魚をすくって食べています。

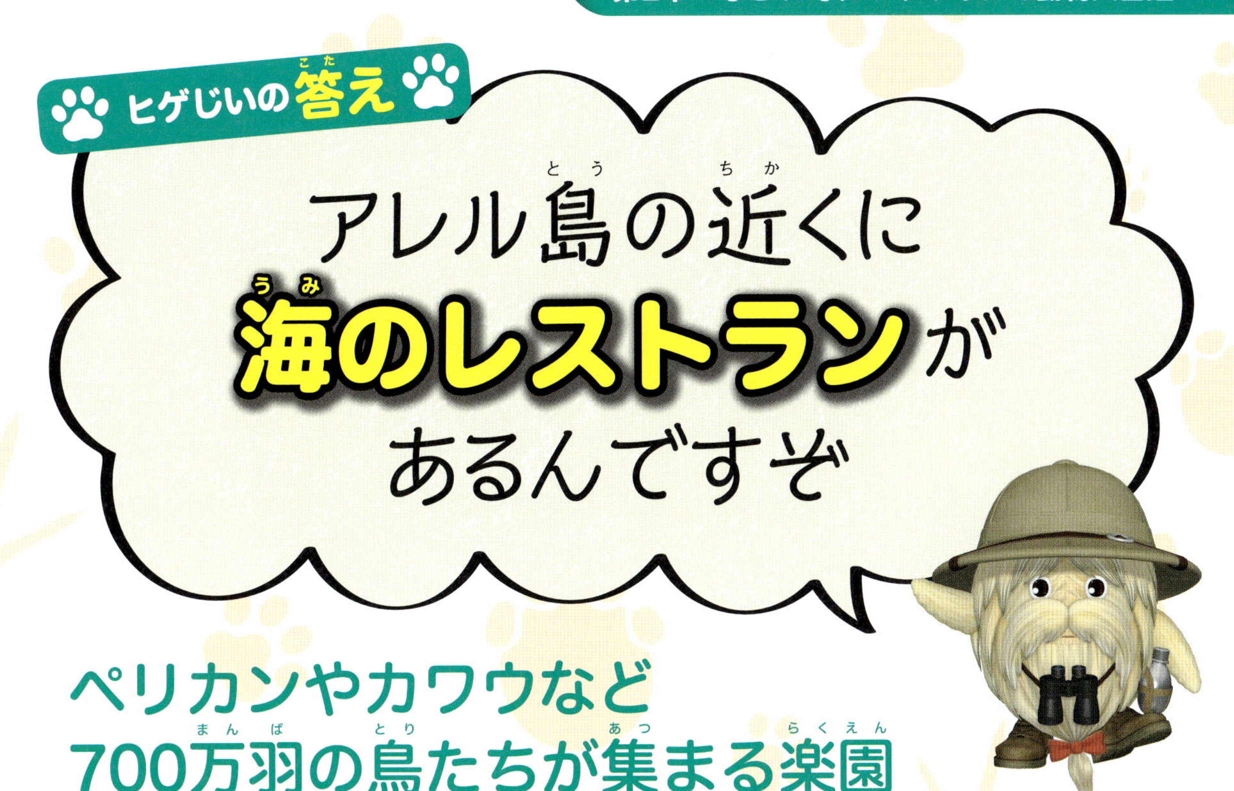

ペリカンやカワウなど 700万羽の鳥たちが集まる楽園

サハラ砂漠の西岸沖合にある小さな島・アレル島は、ペリカンやカワウ、フラミンゴなど、100種類700万羽の鳥たちが集まって子育てをしている場所です。島は一本の木も生えていない砂地ですが、海の潮が引くと、**鳥たちが食べものを求めて集まるレストランがあらわれます。**島のまわりの浅い海には、たくさんの栄養と太陽の光によって、魚たちの食べものになるプランクトンが大発生しています。その魚たちを食べようと、ペリカンなどの鳥たちが押しかけているのです。

ペリカンは一日にヒナの分も含めて、5kgの食べものが必要です

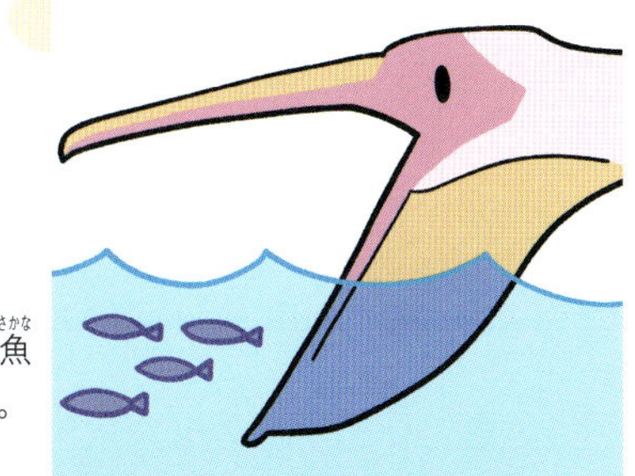

大きなクチバシで魚をすくい取ります。

なぜ？なに？Q&A 47

ダチョウはなぜたくさんのヒナを育てるの？

世界でいちばん大きい鳥ダチョウは、どうして多いときで30羽ものヒナを育てるのだろう？

ヒント①

ヒナの数を見てみよう！

1羽のダチョウの母親にヒナ30羽。卵は10個なのに、ヒナはずいぶん多いようです。

ヒント②

卵の数に注目！

ダチョウは、卵を8～10個産みます。

ヒント③

ヒナたちはどうしているかな？

生まれたばかりのヒナたちは、かたまって行動しています。どうしてかな？

力の強い母親がヒナたちをまとめて育てるんですぞ

卵15個、ヒナ30羽をかかえて子育てをするダチョウのお母さん

世界最大の鳥ダチョウは、群れでいちばん強いオスとメスが夫婦になって、8〜10個の卵を産みます。ところが、いちばん強いメスに負けた他のメスも、同じ巣に卵を生んで、卵の数は15個にもなってしまいます。敵におそわれやすいのは外側の卵なので、**強いメスは自分の卵を巣の中央に集めて守っている**のです。卵がかえったあとも、いろいろな家族のヒナが集まって集団で敵から身を守ります。たくさん集まって行動するほうが、生き残る可能性が高くなるからです。

時速70kmのスピードでサバンナを走ります

ダチョウは、卵の大きさも世界最大！

アニマルデータ

35 ダチョウ

大きさ　約180cm

体重　130〜150kg　食性　草食

分類　ダチョウ目ダチョウ科ダチョウ属

人との比較

生息地マップ

アフリカ中南部のサバンナや砂漠など

シャカイハタオリはなぜ巨大な巣を作るの？

アフリカ南西部のナミビアのアカシアの木に、シャカイハタオリはどうして巨大な巣を作るのだろう？

ヒント①

何羽住んでいるのかにも注目！

巣にはスズメくらいの大きさのシャカイハタオリが300羽も、集団を作って暮らしています。

ヒント②

巣を見てみよう

高さ10ｍの木に枯草がびっしり。重さは全体で1ｔにもなります。

ヒント③

どうやって巨大な巣を作るのかな？

シャカイハタオリは、少しずつ枯草を運んできて、巣を作ったり直したりします。

ヒゲじいの答え

集団で大きな巣に住んで乾燥した気候から**身を守るため**ですぞ

快適な巣を作って身を守る社会的な鳥・シャカイハタオリ

アフリカ南部、ナミビアの乾燥地帯に住むシャカイハタオリは、木の上などに大きな枯草のかたまりの巣を作ります。**巣には100以上の巣穴があって、数百羽のシャカイハタオリが暮らしています。**なぜ小鳥のシャカイハタオリがこんなに大きな巣を作るのかというと、巣の中は気温40℃になる昼間は涼しく、0℃以下になる夜は暖かく、1日中快適な温度に保たれているからです。毒ヘビやハヤブサなどがおそってきても、たくさんいる仲間が力を合わせて立ち向かいます。

大勢の仲間と大きな巣を作って、小さな身を守っています

集団で「社会」を作り、枯草ではたをおるように、大きな巣を作るシャカイハタオリ。

アニマルデータ

36 シャカイハタオリ

大きさ 約14cm
体重 25～35g　食性 昆虫食
分類 スズメ目ハタオリドリ科シャカイハタオリ属

人との比較

生息地マップ

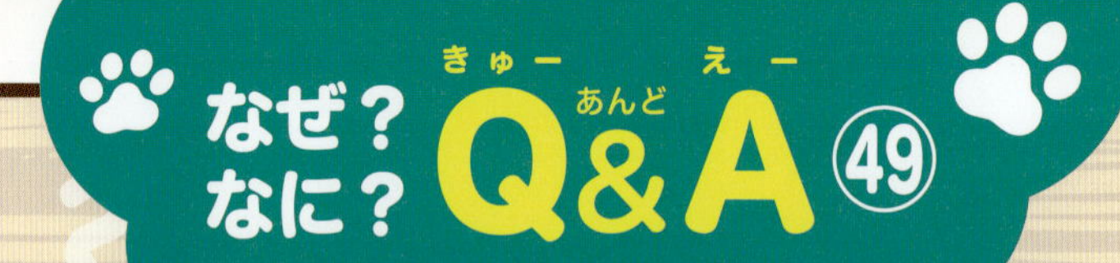

ヒゲワシはなぜかたい骨を食べられるの？

かたい動物の骨がだいこうぶつのヒゲワシ。どうしてそんなにかたいものを食べることができるのだろう？

ヒント①

骨を食べているところを見てみよう

ハゲワシが食べ残した小さな骨は、そのままのみこんでしまうようですね。

ヒント②

骨を落としているところにも注目！

ぐんぐん上昇して、高いところから骨を落としていますね。

ヒゲじいの答え

高いところから骨を落として食べやすくしているんですぞ

秘技「骨落とし」で大きな骨をくだいて食べる

きりたった山岳地帯に生息し、くちばしの下にヒゲのような毛が生えているヒゲワシ。だいこうぶつは、ハゲワシが食べ残した、かたい動物の骨です。小さな骨はそのまま丸のみして胃で消化してしまいますが、牛の足の骨のような大きなものは、足でつかんで空高くまで上昇し、高さ 50m のところから急降下。**目標の岩場めがけてピンポイントで投げ落とします。**名づけて「骨落とし」。これを何回も繰り返して骨をくだき、中の栄養のある部分を食べているのです。

一気に 50m の高さまで飛んでいって骨を落とします

ちゃんと岩場に骨を落とせるようになるには7年もかかる。

アニマルデータ

37 ヒゲワシ

大きさ 95～120cm

体重 4.5～7kg　食性 肉食

分類 タカ目タカ科ヒゲワシ属

人との比較

生息地マップ

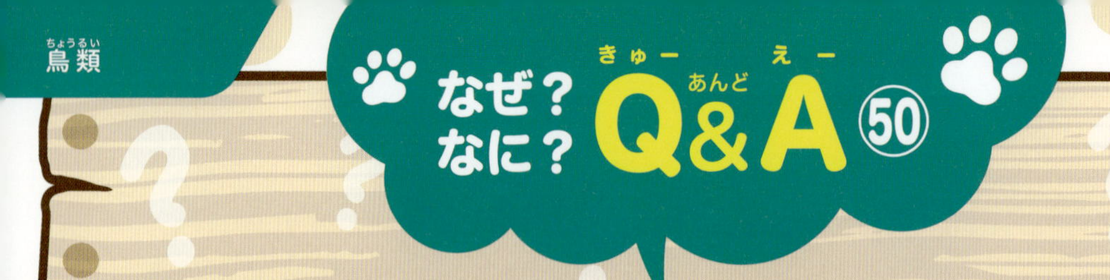

ハシビロコウはどうやって狩りをするの？

ハシビロコウの主食はマンバと呼ばれる魚。その体長は1mにもおよびます。水中にいるそんな大きな魚をどうやって捕るのでしょう？

ヒント①

動かない！

ハシビロコウはとにかく動かない。飛びも、歩きもしないで、一日中同じ姿勢で過ごすこともあります。

ヒント②

くちばしの形に注目

ハシビロコウはとても大きなくちばしを持っています。その先端はするどく曲がっていますね。

ヒント③

体が大きい

ハシビロコウは翼を広げると最大で260ｃｍ。水辺で暴れたら、魚はすぐに逃げてしまいます。

ヒゲじいの答え

水面をじっと見つめて**魚が顔を出した瞬間**におそいかかりますぞ

魚が水面に出てくるまで不動の姿勢でひたすら待つ

体の大きなハシビロコウが水辺で歩き回っていては、警戒心の強い魚は水底に隠れてしまいます。そこで**水辺に立ったまま、何時間も動かずにマンバが水面に上がってくるのを待っているのです。**

獲物を発見してから
捕まえるまで、
わずか２秒！

マンバは数時間に一度、水面から口を出して呼吸する習性があります。その瞬間を見逃さず、ものすごいスピードで捕らえます。なお、ハシビロコウのくちばしは、先がカギ状にするどく曲がっています。獲物をしっかり挟み込めるため、多少暴れても取り逃がすことはありません。

ほとんど動かず、一日中水面を見つめることも少なくありません。

アニマルデータ

38 ハシビロコウ

大きさ 230〜260cm（翼開長）
体重 4〜7kg　食性 魚食
分類 ペリカン目ハシビロコウ科ハシビロコウ属

人との比較

生息地マップ

ヘビクイワシは毒ヘビをどうやってしとめるの？

ヘビクイワシはその名の通り、猛毒を持つコブラが大好物。でもかまれればただではすみません。いったいどうやってコブラを捕まえるのでしょう？

ヒント①

とにかく足が長い！

ヘビクイワシのすらりとした足は60cm以上の長さになります。猛禽類の中では最も足が長いといわれています。

ヒント②

翼に注目！

コブラなどの毒を持つヘビをおそうとき、ヘビクイワシは両方の翼を大きく広げながら近づきます。

ヒゲじいの答え

長い足を使った すばやく強力なキックで しとめますぞ

強力なキックでヘビの頭を狙い撃ち

ヘビクイワシ最大の武器は細くて長い足を使った強烈なキック。**スピードもさることながら、ものすごい正確さでヘビの頭を攻撃します。**
翼は大きく広げて盾代わりに使います。

キックと同時にもう
片方の足でジャンプして
後方に着地！

ヘビクイワシの羽には血管がないため、たとえかまれたとしても、体に毒がまわることはありません。
強烈なキックを何回も頭に食らい、すっかり戦意を失ったヘビ。最後は0.5秒に1発という驚異のスピードをほこる連続キックでトドメをさします。

足を頭の高さまで上げてキック。目線の位置から蹴るので狙いを外しません。

アニマルデータ

39 **ヘビクイワシ**

大きさ 約200cm（翼開長）
体重 2～4kg　食性 肉食
分類 タカ目ヘビクイワシ科ヘビクイワシ属

人との比較

生息地マップ

アフリカ
中南部のサバンナ

なぜ？なに？Q&A 52

オドリホウオウはなぜダンスをするの？

オドリホウオウは長く美しい尾羽をふりながら、イカしたダンスを踊ります。そのダンスには、一体どんな意味があるのでしょう？

ヒント①

踊るのはオス

オドリホウオウはオスとメスで見た目も全然ちがいます。そして、ダンスをするのはオスだけ！

ヒント②

踊るのははんしょく期

はんしょく期とは卵を産むシーズン。1年の中で2カ月だけオスは熱心にダンスをします。

ヒント③

尾羽に注目！

オスの最大の特ちょうは、長さ20cmにもなる長い尾羽。黒くて、つやつやでとてもキレイですね。

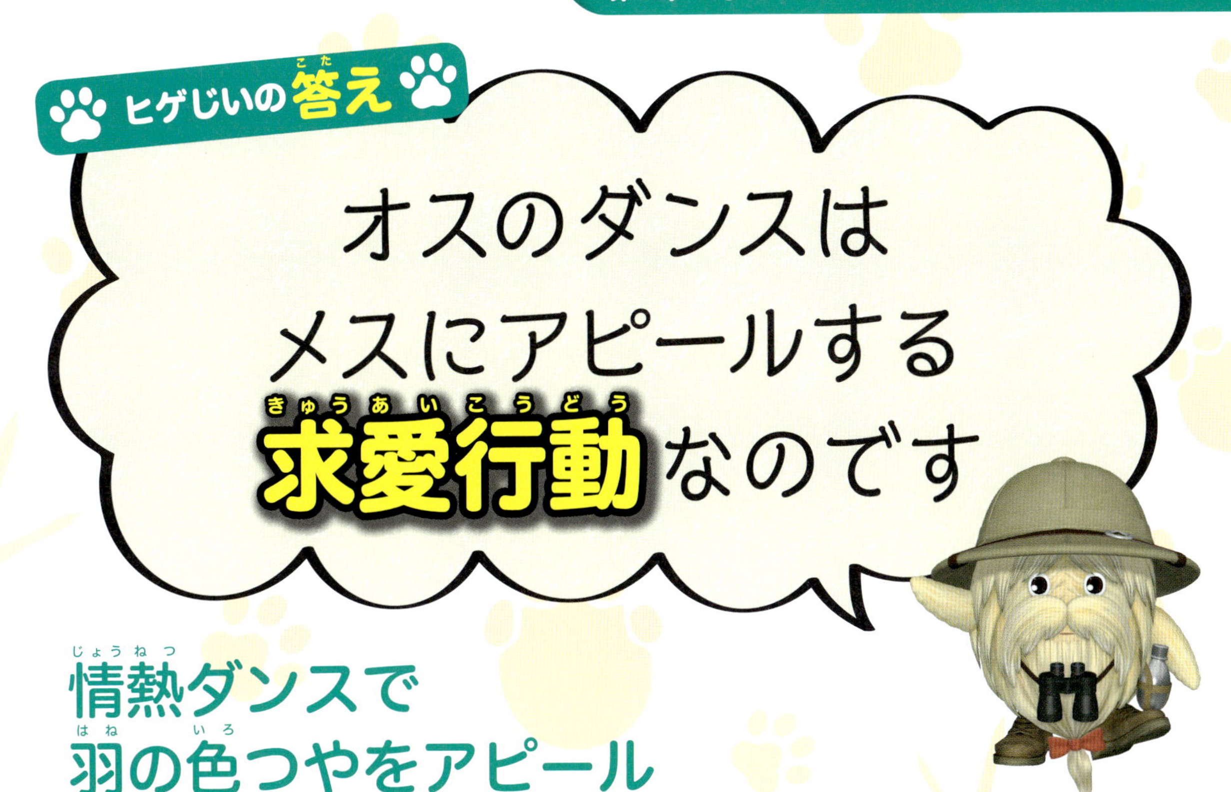

情熱ダンスで羽の色つやをアピール

はんしょく期になると、**オスはメスの気をひくためにダンスを踊ります。**まずはステージ作り。草を抜いたり、ふみつけて、中央にドームを配置した丸いステージを作ります。

尾羽を
パラシュートのように
開きジャンプ！

はじめはステージでぴょんぴょんジャンプ。メスが興味を持って近づくと、今度は20cmほどもある長い尾羽を持ち上げての情熱ダンス。羽のつやや美しさで健康状態を、ステージの大きさで仕事ぶりをアピール。メスに認められれば、めでたく恋は実ります。

オスがこの姿でいるのははんしょく期の2カ月間だけ。ふだんはメスと同じ茶色の羽をしています。

アニマルデータ

40 オドリホウオウ

- 大きさ 14〜30cm（繁殖期のオスの尾羽は20cm）
- 体重 30〜45g
- 食性 雑食
- 分類 スズメ目ハタオリドリ科キンランチョウ属

人との比較

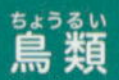

なぜ？なに？Q&A ㊸

ミナミベニハチクイってハチの毒針は平気なの？

ミナミベニハチクイは毒針を持つハチが大好物。捕まえるときや食べるとき、ハチのお尻の毒針に刺されることはないのでしょうか？

ヒント①

捕まえ方に注目！

ミナミベニハチクイは高い位置からハチの様子をうかがって、気づかれる前にすばやくキャッチ。

ヒント②

食べる前に注目！

ハチを捕まえたら食べる前に木の枝に止まり、頭とお尻を枝にぶつけます。いったいなにをしているのでしょう？

ヒゲじいの答え

すばやくキャッチし、毒針を外してから食べるので大丈夫です

空中キャッチしたあとは毒針を外してからパクリ

ミナミベニハチクイはとても目がよく、数十m先にいるハチを見つけられます。ハチを上空で待ち構え、気づかれないように急接近して一気にパクリ。逃げる隙も、毒針を使う隙も与えません。しかし、ハチには毒針があるので、そのまま食べるわけにはいきません。**まずは木に止まってハチの頭を枝にたたきつけます。獲物が気絶したら次はお尻の先を枝に打ちつけ針を抜きます。**毒針をきちんと外してから食べるミナミベニハチクイは、ハチ狩りのスペシャリストなのです。

視線は絶対に獲物から外さない！これが空中キャッチのコツです

ときには刺されることも。免疫があるため死ぬことはありませんが痛いのは勘弁ですね。

アニマルデータ

41 ミナミベニハチクイ

大きさ　約35cm

体重　約60g　　食性　昆虫食

分類　ブッポウソウ目ハチクイ科ハチクイ属

人との比較

生息地マップ

なぜ？なに？Q&A 54

ホオジロカンムリヅルはどうやって敵を追い払うの？

水辺に巣を作るホオジロカンムリヅルは、近づく敵であれば相手がゾウでもひるみません。いったいどうやって追い払っているのでしょう？

ヒント①

じっとうかがう

卵を抱えながら相手の様子をじっと見つめたまま。相手が巣の間近まで来たとき、はじめて立ち上がります。

ヒント②

翼に注目！

相手に向かって翼をめいっぱい広げます。翼は大きく、広げると2mにもなるのです。

ヒゲじいの答え

自分より大きな相手でも羽を広げたいかくポーズで追い払うのです

大きなゾウでも逃げ出す必殺のいかくポーズ！

ホオジロカンムリヅルが巣を作る水辺には、さまざまな動物や鳥が水を飲みにやってきます。そうした動物たちが巣に近づくと親鳥は翼を開いていかく。相手を追い払います。自分たちより遥かに大きなゾウやシマウマが相手でも、決してひるみません。ではどうして、ゾウやシマウマは自分より小さな鳥から逃げ出すのでしょう？　**それは「びっくり箱」のような効果があるからです。**目の前で急に白くて大きな翼を広げられて、びっくりしてしまうのです。

敵をギリギリまで引きつけ、目の前で広げてビックリ！

巣は水の中に草が生えてできた島のような場所に作ります。水に囲まれているため、天敵が近づきにくいからです。

アニマルデータ

42 ホオジロカンムリヅル

大きさ　約200cm（翼開長）

体重　約3.5kg　食性　雑食

分類　ツル目ツル科カンムリヅル属

人との比較

生息地マップ

アフリカ中西部のサバンナ

動きの遅いジャクソンカメレオンはどんな暮らしをしているの？

動きが超スローなジャクソンカメレオン。どうやって、すばやいバッタを捕らえたり、天敵のヘビから逃げたりしているのだろう？

ヒント①
長い舌に注目！
舌は体と同じくらいの長さがあり、普段はじゃばらのように畳まれています。

ヒント②
目の動きに注目！
左右の目をバラバラに動かし、360度見渡すことができるのです。

ヒント③
体の色に注目！
ジャクソンカメレオンの体は興奮すると明るい色になり、怯えると黒ずんだ色になります。

ヒゲじいの答え

スローな動きをカバーする**さまざまな得意ワザ**を持っているんですぞ

長い舌で獲物を捕って変色で敵から身をかくす

50cm の距離を歩くのに１分半もかかってしまうほど、ジャクソンカメレオンの動きはスロー。でも舌の動きは別。360度の視界で獲物を見つけたら、長い舌をものすごいスピードで伸ばして捕まえます。その間、わずか0.3秒というから驚き。**天敵のヘビに出会ったら体を平らにして、自分を大きく見せます。それでも相手がひるまなければ、枝から足を離して地面に落下。**ジャクソンカメレオンは恐怖を感じると体の色が黒っぽくなるため、地面の上では見つかりにくいのです。

舌の表面は
ベタベタしていて、
体重の 15%ほどの
重さを引き戻す
力があります

頭から出た３本のツノはオス同士の戦いに使います。戦わないメスのツノはとても小さいんです。

アニマルデータ

43 ジャクソンカメレオン

- 大きさ　約30cm
- 体重　-
- 食性　昆虫食
- 分類　有鱗目カメレオン科カメレオン属

人との比較

生息地マップ

なぜ？なに？Q&A ㊻

ヒメカメレオンってどのくらい小さいの？

世界最小のカメレオンの仲間といわれているヒメカメレオンは、一体どのくらいの大きさで、どのような生活をしているのだろう？

ヒント①

手のひらにのせてみたら…

大人でも指先にのるほどのサイズです。

ヒント②

隠れ家を見てみよう！

外敵から身を守るため、岩に空いた小さな穴やわずかな隙間に身をかくします。

ヒント③

食べ物を見てみよう！

おもな獲物は小さなハエやシロアリ。どちらもすごく小さいですね。

ヒゲじいの答え

指先にのるくらい小さいヒメカメレオンは世界最小のは虫類ですぞ

最も小さい種類は成長しても全長わずか2.5cm!

ヒメカメレオンは成長しても、頭から尻尾の先まで 2.5cm ほど。10 種類以上の仲間がいます。

でも、小さくてもカメレオンはカメレオン。体と同じくらいの長さの舌をものすごいスピードで伸ばして、米つぶくらいの小さなハエやシロアリを捕らえて食べます。

普段は、石灰岩の小さな穴や割れ目に入って外敵や太陽の熱による乾燥から身を守ります。これも小さい体ならではの生き残り戦略ですね。

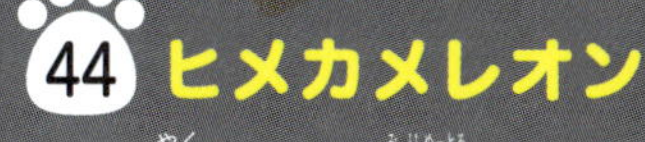

マダガスカル島とその周辺の島にのみ生息します

狩りのとき、自分の舌の重みでバランスを崩してしまうこともしばしば！

アニマルデータ

44 ヒメカメレオン

大きさ 約16〜30mm

体重 -

食性 昆虫食

分類 トカゲ目カメレオン科ヒメカメレオン属

人との比較

生息地マップ

なぜ？なに？Q&A 57

アフリカウシガエルはパパが子育てするって本当？

アフリカウシガエルは子育てをするめずらしいカエル。しかも育児はパパの仕事です。どうやってオタマジャクシを守り、育てるのでしょう？

ヒント①
大きな体
アフリカウシガエルは体長25ｃｍにもなる巨大なカエル。重さは1.4ｋｇもあるんです。

ヒント②
子育ては水たまりで
池には天敵の巨大魚がいるため、子育ては雨によってできた周囲数百ｍにもなる水たまりで行われます。

ヒント③
卵は一度に4000個
一度に4000個ほどの卵を産みます。孵化後はあたり一面オタマジャクシだらけ。

ヒゲじいの答え

オタマジャクシの群れを24時間完全ガードして、近づく敵を追い払いますぞ

子育ては体の大きなパパカエルのお仕事

雨が降り出す雨季、草原にできた大きな水たまりでアフリカウシガエルは子育てをします。意外なことに子育てはパパカエルの仕事なのです。
卵は4000個以上。わずか2日でオタマジャクシになります。水たまりはいつ干上がるかわからないため、子育ては時間との勝負。成長が早まるよう、水温の高い場所に連れて行ったり、子どもを狙う捕食者を大きな体で撃退したりと、**2カ月におよぶ子育て期間、パパはゆっくり食事を取る暇もありません。**

牛にもひるむことなくアタック！パパは命がけで子どもを守ります

アフリカウシガエルのメスは産卵が終わると、オスと卵を残してどこかへ行ってしまいます。

アニマルデータ

45 アフリカウシガエル

大きさ　約25cm
体重　約1.4kg　食性　昆虫食
分類　無尾目カエル亜目アフリカウシガエル科アフリカウシガエル属

人との比較

生息地マップ

アフリカ南部のサバンナ

ホホジロザメはなぜ獲物を待ちぶせるの？

ホホジロザメは魚類最強のハンターと呼ばれるのに、どうして獲物を捕まえるとき、こっそりと待ちぶせたりするのだろう？

ヒント①

体の形も観察しよう！

胴体の真ん中が太く、頭と尾に行くにしたがって徐々に細くなっていますね。

ヒント②

すごく大きい

ホホジロザメの大きさは5m近く。これほど大きいと小回りは利きにくいですね。

ヒント③

大迫力のジャンプ

ホホジロザメは海底から獲物に向かって突進。その勢いでジャンプします。

体が大きく、小回りが利かないから**追いかけっこは苦手**ですぞ

まっすぐ泳ぐのは得意 でも細かく曲がるのは苦手

大きさおよそ5m、口の大きさは1mにもなるホホジロザメ。その大きさゆえ小回りが利きにくく、追いかけっこでは俊敏なオットセイなどの獲物を捕まえられません。そこでホホジロザメは、**海底に潜んで、なにも知らずに水面を泳ぐ獲物に一直線におそいかかります。そのスピードはすさまじく、水面を突き抜けて空中にジャンプしてしまうほどです。**

サメの仲間の中では泳ぐのが大得意！

速さの秘密は水の抵抗の少ない流線型の体。なんと獲物の視界に入ってから、わずか0.5秒でおそいかかることができるのです。

獲物に向かって一直線！ 気づかれる前に捕まえます。

アニマルデータ

46 ホホジロザメ

大きさ 400〜480cm
体重 680〜1000kg　食性 肉食
分類 ネズミザメ目ネズミザメ科ホホジロザメ属

人との比較

生息地マップ

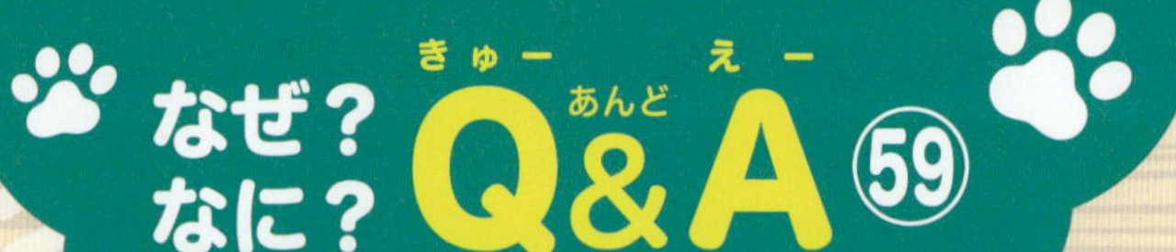

シクリッドはどうして口の中で子育てをするの？

アフリカの古代湖に住むシクリッドは子どもを自分の口の中で育てるというめずらしい習性を持っています。なぜ口の中で子育てするのでしょう？

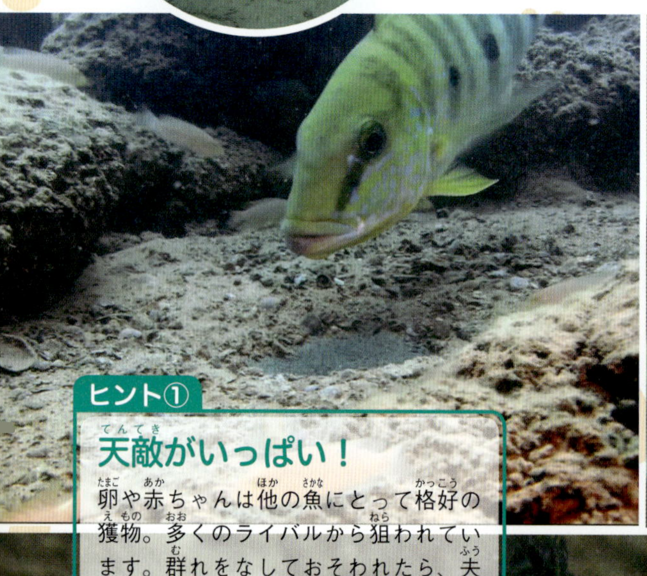

ヒント①

天敵がいっぱい！

卵や赤ちゃんは他の魚にとって格好の獲物。多くのライバルから狙われています。群れをなしておそわれたら、夫婦だけでは赤ちゃんを守りきれません。

ヒント②

安全に子育てしたい！

子どもを安全に育てたいのは親なら当たり前。「いちばん安全な場所ってどこ？」と試行錯誤した結果…。

ヒゲじいの答え

外敵から卵や子どもを守るには口の中がいちばん安全なんですな

子どもの安全を求めて進化した究極の子育て

長い時間の中で生物がさまざまな進化を遂げた古代湖。そこに住むシクリッドは口の中で子どもを育てるという技を使います。**産んだ卵を口の中に入れ、孵化して独り立ちするまで大切に育てるのです。**

1500種以上のさまざまなシクリッドが古代湖には暮らしています

天敵が来たら、赤ちゃんは親の口の中に一斉に逃げ込みます。

古代湖の魚の多くが子育ての習性を持ちます。それは、多くのライバルがいる環境で、より確実に子孫を残すため。その中でも安全に子どもを育てる技を身につけたシクリッドはたくさん増えました。

シクリッドの卵に自分の卵を紛れ込ませて、シクリッドに子育てさせるズル賢い魚もいます。

アニマルデータ

47 シクリッド

大きさ 12〜80cm

体重 -

食性 魚食または草食

分類 スズキ目シクリッド科

人との比較

生息地マップ

アフリカ大陸
マラウイ湖、
タンガニーカ湖、
ヴィクトリア湖など

なぜ？なに？Q&A 60

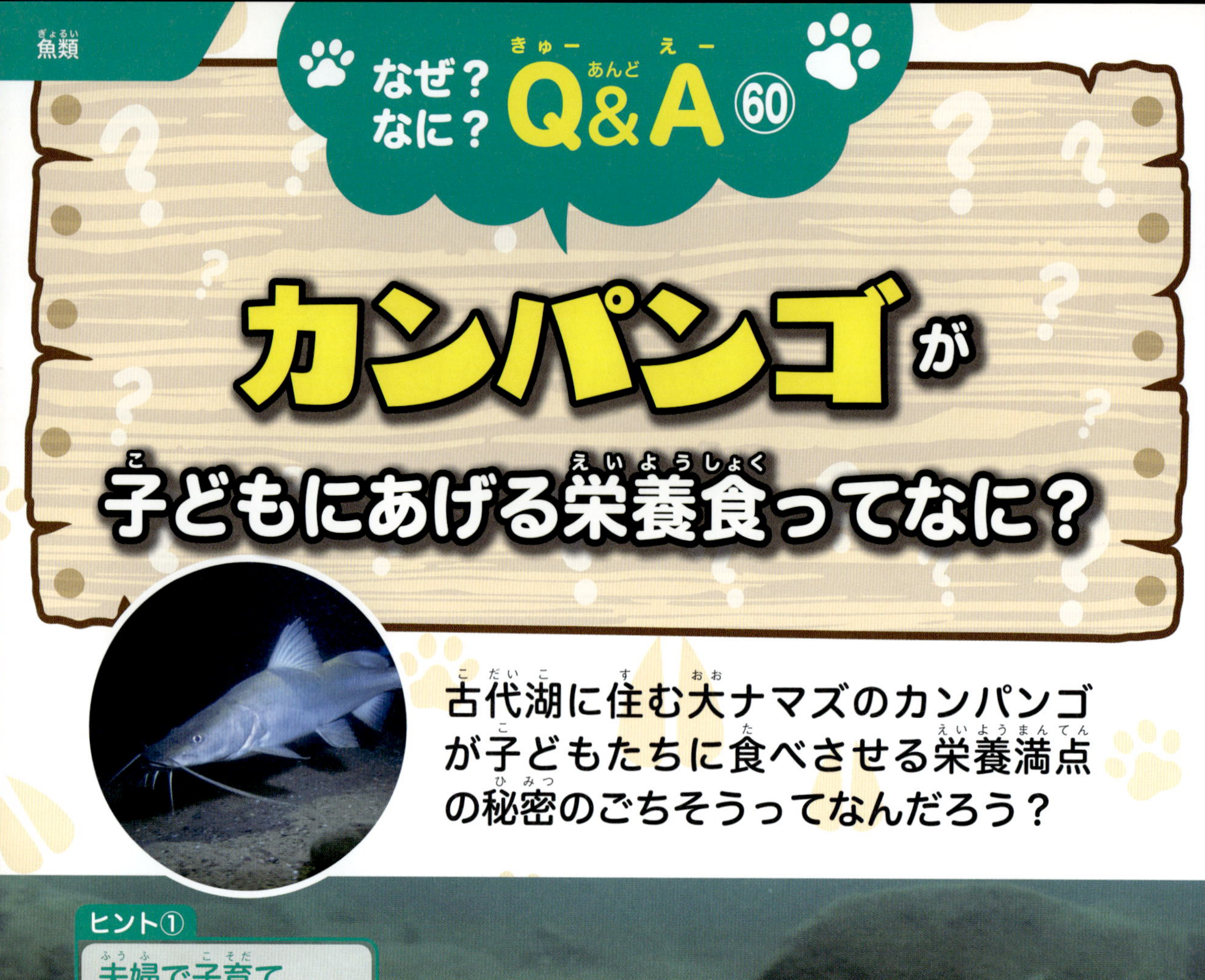

カンパンゴが子どもにあげる栄養食ってなに？

古代湖に住む大ナマズのカンパンゴが子どもたちに食べさせる栄養満点の秘密のごちそうってなんだろう？

ヒント①

夫婦で子育て

岸辺近くに穴を掘って巣を作り、夫婦で子育てします。上にいる大きいほうがメス、下の小さいのがオス。

ヒント②

子育て中の食事

子育て中に食事を取るのはメスだけ。子どもが独り立ちするまでの3カ月間、オスは食事を取りません。

ヒント③

お腹に注目！

メスのお腹の下に子どもたちが慌ただしく集まってきます。興奮したようにお腹に群がる理由は？

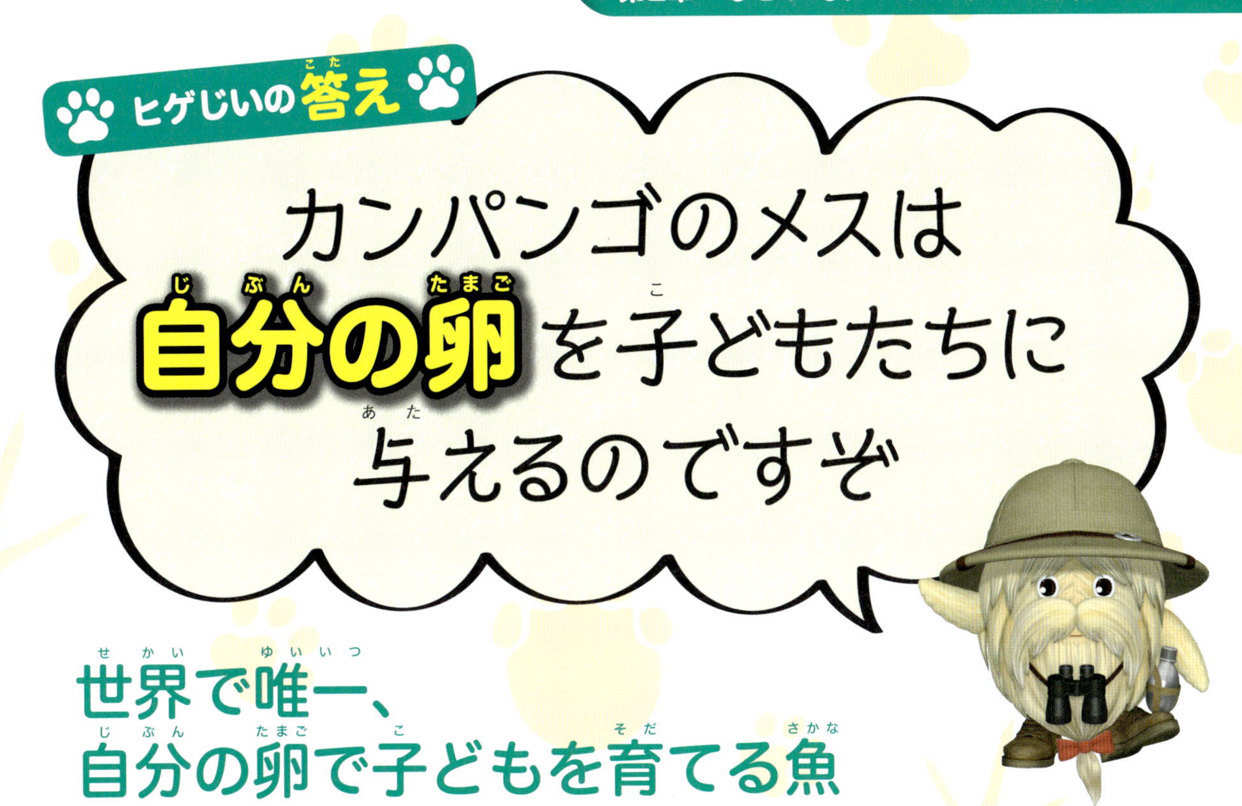

世界で唯一、自分の卵で子どもを育てる魚

体長1mを超す巨大ナマズのカンパンゴは、湖の浅い場所に巣を作って夫婦で子育てをします。驚くべきはその子育て法。**メスは栄養食として自らが産んだ卵を子どもたちに与えます。**産み落とされる卵めがけて子どもがメスのお腹に群がります。子育て期間はおよそ3カ月。メスは栄養いっぱいの卵を産むため、オスに子守を任せて食事のために出かけます。こうした習性を持つ魚は世界中でカンパンゴだけ。赤ちゃんにおっぱいをあげる人間のお母さんに似ていますね。

子どもに与えている卵は受精していないため、育つことはありません

卵がかえり、子どもが独り立ちするまでの3カ月間、オスは食事を一切取りません。

この本に出てくる動物たちを一挙に紹介！

生息環境まるわかりガイド

水辺、湖

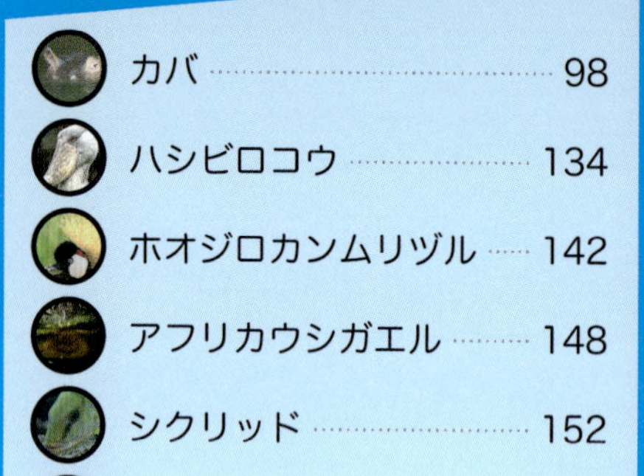

山岳地帯・高原

森林地帯

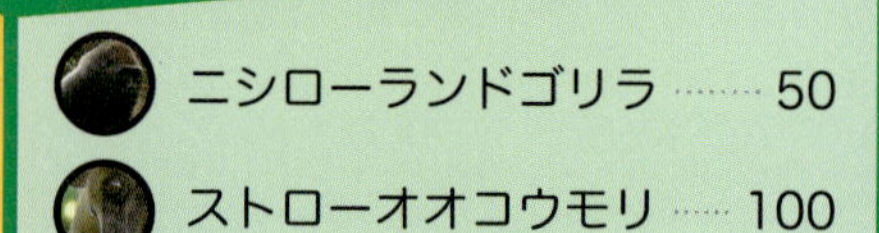

岩山地帯

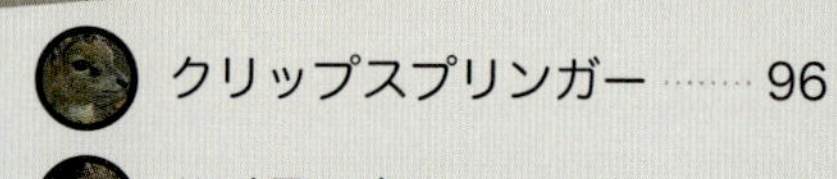

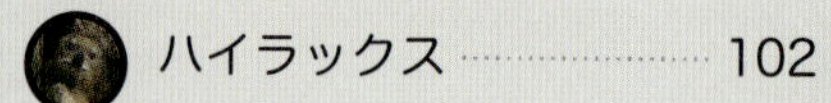

アフリカは世界の中のこのあたりにあるのですな！

草原・乾燥地帯

海

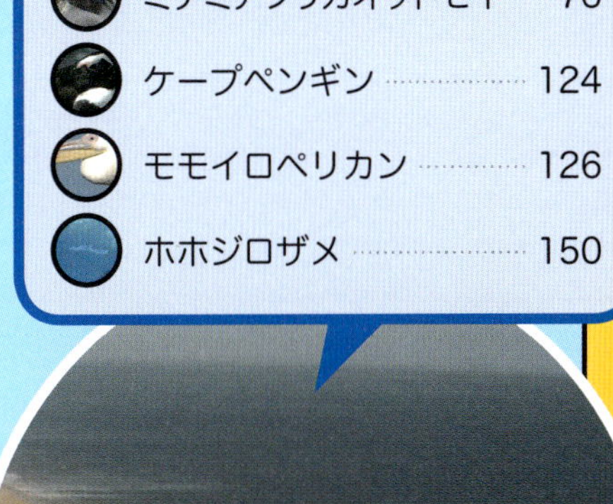

マダガスカル島

さくいん

「劇場版　ダーウィンが来た！　アフリカ新伝説」

2019年1月18日　公開
語り：葵わかな
ヒゲじい：龍田直樹

音楽：内池秀和、加藤みちあき
音楽プロデューサー：鈴木利之

エンディングテーマ：「AMAZING LIFE」
歌・作詞：MISIA、作曲：内池秀和、編曲：鷲巣詩郎

製作・配給・宣伝：渡辺 章仁、内山 潤、市川 修平、川辺 淳雄、須藤 隆治、蒔田 隆之、
山下拓也、坪田 義隆（ユナイテッド・シネマ）

映像制作：足立泰啓、安斎直、井石綾、上嶋萌、大上祐司、小原早織、河邑厚太、楠元良一、
西部裕樹、若松博幸（ＮＨＫエンタープライズ）
橋場利雄、鈴木由紀（ブリッジャース）
編集：堀内啓和（イデア）
音響効果：清水啓行（オーディオ トライズ）
CG：宮坂浩（505事務所）
協力：京都大学、今泉忠明
映像提供：ＮＨＫ

書籍制作スタッフ

著者：ＮＨＫ「ダーウィンが来た！」制作班
デザイン・DTP：森田千秋（G.B. Design House）
漫画：犬養ヒロ
イラスト：まつあや
執筆協力：稲佐知子、坂下ひろき、野田慎一、村沢譲
編集：木村伸二、圡屋萌美、千田新之輔、飯田集志（G.B.）
編集協力：若松博幸、足立泰啓、楠元良一、大上祐司（ＮＨＫエンタープライズ）、菊池哲理（ＮＨＫ）

劇場版ダーウィンが来た！
なぜ？なに？動物図鑑

2019年1月24日　第1刷発行

著者　NHK「ダーウィンが来た！」制作班

発行人　蓮見清一
発行所　株式会社宝島社
〒102-8388
東京都千代田区一番町25番地
編集　03-3239-0928
営業　03-3234-4621
https://tkj.jp

印刷・製本　株式会社廣済堂

Printed in Japan
ISBN 978-4-8002-9055-7